煤化工技术的理论与实践应用研究

吴懿波　著

吉林科学技术出版社

图书在版编目（CIP）数据

煤化工技术的理论与实践应用研究 / 吴懿波著. -- 长春 : 吉林科学技术出版社, 2022.4

ISBN 978-7-5578-9172-5

Ⅰ. ①煤… Ⅱ. ①吴… Ⅲ. ①煤化工一研究 Ⅳ. ①TQ53

中国版本图书馆 CIP 数据核字 (2022) 第 091599 号

煤化工技术的理论与实践应用研究

著　　吴懿波
出 版 人　宛　霞
责任编辑　王明玲
封面设计　李　宝
制　　版　宝莲洪图
幅面尺寸　185mm x 260mm
开　　本　16
字　　数　210 千字
印　　张　9.875
印　　数　1-1500 册
版　　次　2022年4月第1版
印　　次　2022年4月第1次印刷

出　　版　吉林科学技术出版社
发　　行　吉林科学技术出版社
地　　址　长春市南关区福祉大路5788号出版大厦A座
邮　　编　130118
发行部电话/传真　0431-81629529　81629530　81629531
81629532　81629533　81629534
储运部电话　0431-86059116
编辑部电话　0431-81629510
印　　刷　廊坊市印艺阁数字科技有限公司

书　　号　ISBN 978-7-5578-9172-5
定　　价　48.00元

前 言

在现代化的发展下，新型煤化工技术出现在生产工作中，并且得到了广泛的应用，它相对于传统的煤化工技术来说具有很多优势，无论在建设的理念上还是在实际的应用过程中都起到了积极的作用。新型煤化工技术顺应了时代的发展潮流，把握住了煤化工生产过程中所需要的内容，针对具体的情况来做好相关的工作，这才是现在发展所需要的。

煤炭资源是不可再生资源，近年来煤炭资源的开发对我国经济建设产生了很大的影响，我国的煤炭资源比较丰富，为了能够得到充分的利用，减少资源的浪费，我们必须要从技术上改进生产，取得更好的效果，所以出现了多种不同的技术来应用到实际的发展中。煤炭焦化技术的出现使得各项工作得到了很大的发展，它的应用完善了煤炭资源的开采工作，减少了不必要的浪费。

因为现在环境问题比较突出，所以我们在开展各项工作的时候，一定要遵循发展的规律，减少对资源的破坏，坚持可持续发展的理念，这样才能实现更好的发展。传统的煤炭技术之所以被淘汰，是因为自身具有很多的缺陷，而且对环境有很大的破坏，这不符合现在的发展理念。而且生产效率也比较低，给煤炭企业的发展造成了很大的损失，已经无法适应现代的发展需求，所以需要进一步完善技术。煤炭焦化技术的出现弥补了这些不足，它不仅具有环保性，对周围环境的影响更小，而且在施工技术水平上也比较高，提高了生产的效率，并且推动了企业的发展，这对于现代化的建设来说具有重要的意义。

新型煤化工技术的出现，改变了传统的生产方式，使得各项工作得到了进一步的完善和推广，更好地应对其中各项内容，这样能够减少问题的出现。新型煤化工技术具有很多方面的优势，环保工作方面它能达到一定的水平，在问题处理上效率也非常高，在平时的生产发展中，能够充分利用能源，提高生产发展的质量，这样能够进一步推动相关工作的进行，满足人们的发展需求，使得煤炭企业能够实现长远的发展，这样就能获得更多的收益。

目录

第一章　煤化工技术理论

第一节　煤化工技术现状

一、煤化工技术的应用及发展现状

（一）煤炭气化技术

煤炭气化技术的应用通常需要配合气化炉与相应的气煤化工艺，才能实现能源转化，目前较为常用的包括粉煤气化技术、煤制天然气技术、多喷嘴气化技术等，尤其是煤制天然气计划具备环保、易操作的应用优势而得到广泛应用与发展。粉煤气化技术，采用的是单喷嘴下喷式方法，在实际应用过程中以煤炭资源类型、数量为依据进行对水激冷，从而使固体煤炭资源转化成气体能源。粉煤气化技术可以在气体转化与高压蒸汽转化中实现煤炭资源形态转化，有效提高了对能源的利用效率。粉煤气化技术的应用需要干煤粉作为辅助材料，同时搭配盘管式水冷壁设备的使用来创造气化技术的应用环境，在丰富气化技术原料煤炭类型的同时也增强了设备利用效率。粉煤气化技术的应用对煤炭资源有着一定要求，如气化煤炭形状颗粒直径需小于 0.15 mm，于干燥状态下在气流带动下与材料同送入喷嘴当中，并于反应炉中进行炼化，得到新的能源供生产生活使用，以及产生一定量废渣，进一步处理后也可以进行水泥等生产使用。

多喷嘴气化技术，先将煤炭进行去杂质等初步处理，碾碎，经氮气处理后保存。煤炭碾碎氮气处理过程中，先用低压氮气进行干燥，再用高压氮气进行巩固，同时在加煤时加入汽化剂，辅助进行化学反应。在气化过程中的氮气可以进行回收重复利用，节约氮气资源，反应所需的设备主要是气化炉，煤炭在其中进行反应转化成为气体，再在气化炉的排出作用下进入冷凝环节，反应残渣与气化炉内激冷凝结排出，产生的污水排入清洁系统进行净化后排放。

（二）煤炭液化技术

煤炭液化，指的是把固体煤炭在化学反应作用下转化成为液体燃料的过程。这一技术的应用需要运用相应的转化反应设备方可完成转化。在实际应用过程中主要包括两种应用方法。一种是直接液化法，大量氢元素是煤炭资源呈现固态的重要因素，直接液化法就是借助催化剂作用，在高温下消耗掉固态煤炭中的氢元素，进而实现对煤炭资源的液化转化。反应中较为常用的催化剂为硫化物催化剂，催化转化效果较为明显。另一种则是精制法，操作方法与直接液化法原理一致，都是以消耗固体煤炭中的氢元素为目的，不同的是精制法不需要应用催化剂，而是在特定的环境下进行转化，主要是通过将煤炭转化成为固态混合物，再进行蒸馏、分离等处理方式得到液体能源。

（三）炼焦技术

炼焦技术是煤化工技术领域应用时间较早且发展较为成熟的技术，其应用原理主要是将煤炭在隔绝空气条件下进行高温处理，煤炭中的大分子发生分解、结焦，生产煤气、煤焦油等产品。炼焦技术流程先是把煤炭以一定标准进行粉碎形成送入炉煤，再利用捣固的方式将其送入炭化室，然后再经过高温、熄焦、晾焦等流程得到焦炭与焦炉煤气。

（四）氨合成技术

在当代煤化工行业中，有机煤化工以及化肥工业中往往会使用到氨这一原材料，通常氨的合成主要是使用煤、天然气以及石油等原料，在高压、高温以及催化剂的作用下将氢与氮结合而成。当前国内煤炭资源相对较为丰富，但石油以及天然气资源比较匮乏，在化学工业科学技术快速发展的推动下，使用煤为原料制作氨的工艺已较为成熟。但是进行氨合成过程中对于催化剂以及设备有较高要求，需要通过较为繁杂的工序才能将煤制作成为具有广泛用途的氨。而焦炭以及固体原料煤一般则是使用气化的方式来获得合成器，通过净化此原料气后，将氮气与氢气之外的杂质去除，并压缩获得的纯净氮气与氢气，经过催化剂的影响才能得到氨。

二、中国煤化工行业装备发展现状

在科技水平不断提升的促进作用下，我国的煤化工行业装备制造技术也在不断创新，并且在原油技术基础上融合了国内外先进技术，并进行了针对性的创新改造，使其更加符合行业发展需要。先进技术在中国煤化工行业装备制造中的应用提高了装备制造改造水平，对于提高煤化工产品质量有着较为重要的促进作用。但是，就当前中国煤化工行业发展实际而言，仍然存在不少问题。例如，传统煤化工技术与实际需求之间的不适应性；煤化工装备设备机械化水平不高；对于大量人力、物力较为依赖；机电设备配套不完善；生产工艺不成熟；核心装备自主研发能力不足，受制于装备进口。有些煤化工企业市场竞争能力较弱，资金周转、装备老化等问题较为严重，许多机电设备甚至超出了服务期限而得不到及时更换，机电设备改造能力较低，使用过程中出现较大的人力、物力资源的浪费，以及埋下较为严重的安全隐患。

三、煤化工技术的发展趋势

（一）提高资源利用率与重视环境保护

随着社会生态文明建设不断发展，煤化工技术的发展也应坚持生态与经济发展统筹兼顾的原则，实现经济效益与环境保护的统一发展。而煤化工技术应用存在的资源浪费现象仍十分普遍，忽视了生态自然和谐发展的煤化工技术发展并不长远。盲目追求经济效益，不重视节约资源与环境保护的煤化工技术发展也必将受到限制。因此，煤化工技术的应用发展过程必须始终坚持科学发展，加强清洁能力生产与应用，不断优化技术方案避免环境污染，同时加强做好废弃物的回收处理，实现资源集约与资源节约。由此可见，坚持保护环境、节约资源、降低损耗、提高产品利用率，必将是煤化工技术应用与发展的重要方向。

（二）新型环保能源结构体系的建设与应用

随着新型煤化工技术不断应用推广，新型环保能源结构体系也在不断成形、发展。新型环保能源结构体系的应用价值正在不断凸显，尤其是其应用带来的环境保护价值与资源节约价值，使其必将成为未来新型煤化工技术发展的重要方向，以及国家新型环保能源发展的重要组成。不仅如此，在今后还将往生产清洁能源产品的方向发展。在今后的煤化工行业中，必定会充分关注清洁能源技术的价值，该类清洁能源在实施生产与加工过程中需要切实落实好资源化废弃物以及相关处置工作，切实减小煤炭资源的损耗数量，在总体上将煤炭资源的利用率提高，加快回收利用副产品的效果，让下游产业获得更好的发展。

（三）促使煤化工和有关关联产业得以共同发展

就现阶段看来，煤化工行业中依旧存在资源利用率不高的现象，今后必定会往多联产技术方向发展，即在煤矿资源有关加工技术基础上，运用现代煤化工艺，结合有关产业的要求把煤气化技术制造出合成气，用于各个部门以及不同行业的生产工作，并制造出多样附加值较高的煤化工产品。例如，通过将煤化工和石化相融合，在炼油厂内使用液化中间产物，经过互相协作与改进，不但能够有利于石化产品品质的提升，而且还能够降低机动车尾气的排放。又如，通过将煤制天然气结合煤制烯烃以及甲醇等产业，能够将不同类型产品的优点发挥出来，将整体风险抵抗能力以及综合效益得到有效提升。所以明显能够看出，将煤化工与关联产业联合起来能够切实减少加工煤炭环节污染物以及 CO_2 的排放数量，并且在各类机制的影响下，还能有助于社会形成一套较为全面的清洁煤化工能源生产制度，有利于经济效益增加的同时，还促进环境友好型工业体系的构建。

（四）煤化工技术的创新发展

中国现阶段的煤化工技术及其应用仍然处于初级发展阶段，整个行业缺乏统一权威的煤化工技术管理体系与管理标准。加上企业管理层的不重视，在资金投入、技术引进方面都存在较大不足。对此，煤化工行业想要实现可持续发展，必须树立与时俱进的技术与管理理念，加强新型思想更新，重视技术创新，积极转变传统经营理念，不断探索符合当前企业发展的合理模式。此外，产业体系化发展也是煤化工技术应用的重要发展方向之一，在技术创新与工艺改进方面加大投入，优化形成绿色环保高效的新型技术应用体系。最后，加大对深层煤炭挖掘潜力，通过加强管理体制改进与技术结构完善，实现资源最优配置的同时进行相应的中心权力重组，使煤化工企业得到进一步发展。

（五）新型管理模式的应用发展

煤化工技术的发展除了需要不断融合新的技术理念与技术工艺之外，还需要加强对技术应用管理模式的创新优化。通过对管理模式的有效优化，可以提高人员责任意识，增强工作效率，也唯有实现对管理模式的创新，才能为煤化工技术设备养护、维修进行专业人员的合理调配，确保故障及时排除，延长煤化工技术设备使用效率与使用寿命，提高生产安全水平。

（六）注重朝着中西部发展倾斜

就当前国内煤化工产业的规划看来，重点集中在山西、内蒙以及新疆这几个地区，且无论是项目数量或是生产产品数量，以上几个地区均属于国内西部新型煤化工的重要发展地区。当前国内动力煤价格不断降低，但是相对来说新型煤化工产业（如煤制油、煤制烯烃等产业）具有较为广阔发展前景，我国所规划的重点产煤区域还有 7 个，煤化工产业规划都进行了非常详细的规划发展，以推动我国煤化工产业更好发展。

总而言之，在中国社会经济发展中煤化工产业发挥着非常关键的影响，然而当前在煤化工技术方面依旧存在不少问题需要改进，因为要求相关部门与研究人员能够正确认识该行业以及技术的实际情况，并采取针对性的处理措施，切实保证煤化工产业的效率与质量，推动国家经济更为稳健的发展。

第二节　新型煤化工技术

化石能源属于不可再生资源，因此，如何对化石能源进行高效利用，历来是一个受到广泛关注的问题，而煤化工技术的发展应用将是解决这一问题的有效途径。当前，虽然我国煤化工技术已经相对成熟，但能耗较高等问题仍然存在，因此，有必要研究和应用一系列的新型煤化工技术，以提高煤炭资源的利用率，确保煤化工的环保与可持续发展。

一、传统煤化工技术

通过对煤进行一系列化学加工，实现对煤资源的综合利用，这种技术称为煤化工技术，这种工业也就称为煤化工。应用煤化工技术，可以制备出各种固体、液体和气体形态的化学产品，这些化学产品再做进一步加工处理，就可以生产出更多的不同产品，具体来看，现阶段我国煤化工产业仍以传统煤化工技术为主。

（一）煤焦化技术

煤焦化技术又称煤干馏，这种技术主要是利用高温和隔绝空气的条件使煤分解，由于煤当中除了碳之外还含有一定量的氢、氧、氮等元素，因此，只要通过变更加热温度和加热时间，就可以得到不同的焦化产品，如煤焦炭、煤焦油、焦炉气和精氨水等，这些产品在煤化工、制药、染料等多个行业都有着不可替代的作用。例如，煤焦化制得的焦炉气在炼铁方面发挥着重要作用；煤焦化制得的乙烯，作为常用的催熟剂，在农业上应用也极为广泛。

（二）煤气化技术

煤气化技术是指在高温条件下，利用空气、水蒸气、二氧化碳作为汽化剂，通过一系列的化学作用，将煤中的碳元素转为可燃混合气体的加热过程。一般来说，常见的煤气煤化工艺技术分为固定床气化技术、流化床气化技术和气流床气化技术三种，这三种技术都各有优缺点。固定床气化技术应用较广，对于任何质量的煤都能够进行气化，但蒸汽分解率相对较低，导致废水处理难度加大，使得成本居高不下；流化床气化技术通过维持均衡的炉内温度，使得煤的气化率很高，但这种技术对于煤的质量要求非常苛刻，如果煤的质量较差，那么其工作效率将大幅降低；气流床气化技术相对较为先进，其汽化剂并不使用空气，而是使用纯氧，因此气化纯度较高，并且污染较低。

（三）煤液化技术

我们将煤中含有的有机物加工为液体形态的技术称之为煤液化技术，由于液体密度较大，因此有着更多的应用途径，一部分汽车就以液化气作为燃料，液化气燃烧相对较为充分，产生的空气污染物较少，对环境相对较为友好。

具体来看，煤液化分为直接液化和间接液化两种，直接液化又可称为加氢液化法，通过氢气和催化剂，将煤裂化为液体燃料；间接液化相对较为复杂，需要将煤、氧气和水蒸气在高温下全部气化，再利用催化剂将这些混合的气化物合成为液体燃料，这种间接液化技术，通常被用来合成各种燃油和润滑油产品。

二、新型煤化工技术

相较于传统的煤化工技术，新型煤化工技术有了更多改进，也涉及了更多的方面和领域，能够制备出更多的化学产品，也能够充分响应我国绿色发展和节能发展的理念，因此得到了国家的大力支持。具体来看，新型煤化工技术普遍具有产品绿色节能、产业衔接度高、新旧技术结合、能够实现规模企业之间的合作和对煤炭资源高效利用等优点。

（一）甲醇生产技术

一直以来，国内的大部分煤化工厂都以天然气为原料生产甲醇，但从我国各种不可再生资源的存储量来看，煤炭资源远多于天然气资源，利用煤炭资源生产甲醇显然是更为合理的，因此，煤炭甲醇生产技术理应得到开发和应用。作为一种常见的煤化工原料，对甲醇进行羰基化处理后，即可得到甲酸、草酸等一系列常见的化学品，在草酸的制备环节，只需要利用钯作为催化剂，甲醇就可以直接和亚硝酸反应生成草酸，这个反应过程具有高效和环保的优点，非常适合在工业中大规模应用。而借助二胺和乙烷的催化，利用甲醇和一氧化碳反应，就可以制备甲酸甲酯，而且该反应具有较高的转化率。

（二）新型煤气化技术

新型煤气化技术主要通过使用不同的催化剂对煤炭进行处理，利用多种化学反应，得到更多种类的化合物，一般来说，利用新型煤气化技术，主要可制得异丁醇和甲醇，对异丁醇脱水处理后，即可得到异丁烯，再经过一系列化学反应，即可得到甲基叔丁基醚，这种物质混合在燃油中，能够有效提升发动机的冷启动效率。不仅如此，甲基叔丁基醚作为一种重要的医药中间体，在制药行业也发挥着重要作用。整体来看，新型煤气化技术的本质就是对煤炭进行处理以得到高辛烷值产品的过程，目前，煤气化技术正在朝着加压粉煤气化的方向发展。

（三）煤合成烯烃新型技术

煤化工中的甲醇可以通过一系列化学反应制备烯烃类产品，对此，国内研究人员近年来进行了大量研究，通过对反应技术的优化创新，有效提高了甲醇制备烯烃的转化率。同时，研究人员还发现了另一种新型技术，这种技术可以利用煤炭为原料来大量生产甲烷，而后利用甲烷来反应生成乙烯，应用这种技术，不仅具有较高的转化率，而且具有较好的反应选择性，使制得的乙烯产品具有较高的纯度。

（四）新型合成氨技术

与传统的合成氨技术不同，新型氨合成技术可利用高温高压和催化剂作用将煤原料直接转化成氨，当前，随着我国各项科技的不断发展进步，合成氨的技术也随之不断发展进步，为确保合成氨的效果，研究人员也对煤化工领域的合成氨技术不断进行优化创新，重点是对提升效率方面进行了研究，这对于提高煤炭资源利用率和合成氨技术丰富化都非常有效。

（五）水煤浆技术的研发

水煤浆属于一种新型的燃料，具有更好的稳定性，因此，其运输和储存都非常便捷，与其他燃料相比，其燃烧时可以释放很高的能量，并且不会释放过多的有害气体，具有绿色环保的优点。除了水煤浆之外，现阶段还有油煤浆和油水煤等，也都有着类似的优点。

（六）煤化工联产技术及其优化

新型煤化工技术中的各个应用方向并非各自独立，而是互相之间有着一定的联系，因此，将各种煤化工技术进行融合以形成联产，将有效提升生产效率，使煤资源得到更有效的利用，特别是对于一些开采难度大或是煤炭质量较差的煤矿，联产技术的应用能有效提升煤炭生产效果，并有效降低成本、保护环境。

随着煤化工技术的发展，煤化工联产技术必然得到更为广泛的应用，在实际的联产当中，各种生产技术的共同应用，可以有效发挥各种技术的优势，并有效应对生产中的各种复杂情况。随着信息技术和智能技术的发展，煤化工联产技术也将逐渐实现智能化，从而有效降低操作人员的工作强度、优化煤化工生产中各种技术问题的解决效率和效果、防止煤化工生产中发生安全事故，确保煤化工生产领域能够取得长期较快的发展。

（七）煤化工技术设备科技水平不断提升

随着我国自动化技术和智能化技术的不断提升，煤化工技术设备的科技水平也随之提升，煤化工生产已经初具集成化。由于煤化工生产中的污染情况仍然存在，因此，煤化工技术与设备将朝着环保的方向发展，同时，为了进一步提高生产效率和质量，必须形成一套完整的设备开发与回收的运行体系，以推进煤化工行业的技术水平不断取得进步。

三、新型煤化工技术的未来发展

（一）新型煤化工技术的发展趋势

虽然煤化工的生产材料一直都是煤炭，但煤化工技术的工艺必定是不断发展变化的，与传统煤化工技术不同，新型煤化工技术将更为科学和先进，在实际应用中，对环境的负面影响更小。预计该领域将以一个新兴产业的模式出现在工业领域当中，并加快推动国内能源结构的改革，传统的煤化工技术将逐步被新型煤化工技术取代。未来，新型煤化工技术在实际生产过程中，将具备以下六个优势：

（1）新型煤化工技术所生产出的产品，大都是清洁能源，能够有效替代现阶段常用的各种化石能源，从而有效降低环境污染；

（2）新型煤化工技术的推广应用将会直接促成新型环保能源结构体系，成为国家新能源发展中不可或缺的一部分；

（3）在新型煤化工技术的发展中，各种先进技术和先进生产工艺的融合，将有效促进新型煤化工技术的不断改革与创新，使新型煤化工技术能够根据实际需要进行灵活调整；

（4）新型煤化工技术的发展直接带动了传统煤炭煤化工企业的转型升级，不仅能够降低环境污染，而且能够提高企业的生产效率和质量，给企业带来更高的经济效益；

（5）新型煤化工技术实现了对生产过程中废弃物的集中化处理，对减少污染有着积极意义；

（6）新型煤化工技术的发展有望带动与之相关的一系列新兴行业的崛起，为技术人员的发展和提升增添渠道。

（二）新型煤化工技术的发展方向

未来，新型煤化工技术的研发主要有以下三个方向：

（1）通过利用各种新型煤化工技术分解煤炭，以制备各种烃类产品，这些产品可供相关单位进行研发工作；

（2）新型煤化工技术可采用羟基化的方式，对常见的煤化工产品做进一步的加工提取；

（3）新型煤化工技术的应用可将原材料作为低碳烃类产品。

目前，在国际部分领域，已经开始了对这几个方向的大量研究，已经制得了一系列衍生产品，这些衍生产品通常是经过 PD 催化技术而制备，该项技术及其对应的生产工艺都具有很高应用价值，不但可以生产出大量的清洁能源，还可以利用煤化工联产技术进行二次能源的生产。

总之，随着我国工业的不断转型升级，煤化工技术也必然朝着科技型强和安全性高的方向发展，各种新型煤化工技术的有效应用，能够降低煤化工产业对环境的不利影响，提高煤化工生产的效率和质量，帮助企业取得更好的经济效益。对于煤化工技术的研发，应当积极借鉴国内外的先进经验，并根据实际需要进行调整，从而为我国煤化工产业的长期稳定发展提供坚实的基础。

第三节　环保理念下煤化工技术

我国是一个煤资源大国，然而油气资源相对而言又比较紧张，这就促使了我国在煤化工技术方面的不间断发展。对新型煤化工的技术进行发展，能够对我国在能源结构上进行优化，缓解我国的油气资源对外的高度依赖性。与此同时，煤化工产业所造成的环境污染的问题，依然还是存在着。如何确保新型的煤化工技术在实际的应用当中体现环保理念，是当前所要面临的主要问题，有必要对其做出进一步的研究。

一、新型的煤化工硫在近零排放的技术以及优化的对策

（一）活性焦烟气的脱硫技术

煤化工的产业，在实际的运行当中，不可避免会产生大量的烟气，其中含量非常多的，就是二氧化硫的气体，如果没有对其进行及时处理，就非常容易导致空气被污染，发生一些类似的酸雨现象。活性焦具备很强的吸附性，催化的能力也很强，因此在烟气脱硫的技术当中，被当作主要的材料去使用，具体实施的过程是：当排烟口的温度在比较高的情况之下，活性焦会对二氧化硫，进行有效的吸附，这一部分的二氧化硫，会和混合气当中的氧气，发生化学反应，进而生成三氧化硫，之后再和水进行反应生成硫酸，最后就会存留在活性焦的缝隙之中。

（二）硫的回收工艺

新型煤化工的产业当中，为了去制造各种各样的、需要用到的化学产品，把煤炭转化成混合的气体，就是一个非常关键的环节，然而为了对产品的品质进行提高，就必须针对混合气体，做好相应的净煤化工作，除去混合气当中，包含的二氧化硫的气体。混合气在净化时的工艺：在低温的状态之下，使用甲醇去吸收混合气当中所包含的二氧化

硫的气体，进而形成硫化氢的气体，再去对硫化氢的气体进行收集，让其与二氧化硫发生反应，生成单质的硫，经过冷却之后再回收，就可以得到硫黄这种煤化工产品。当然硫在回收的工艺中，不可避免地会存在一些尾气的排放问题，因此仍然需要采取一些其他的措施，针对尾气在无害化方面进行处理。

（三）新型的煤化工硫在近零排放方面的技术优势

1. 实现了节能排放的目标

活性焦的技术、硫回收的工艺，对于烟气在净化方面而言，起到了非常明显的作用，而且对资源也做到了合理的利用。在净化作用完成之后，活性焦并不是没有用的，还可以继续将其当作水吸附的溶剂，对其他杂质进行清理，对于二氧化硫，在尾气排放方面的问题，可以直接使用净化的装置去解决，不需要再去增加其他的一些复杂的装置。这样做不仅让废弃物、污染物得到了回收、再利用，而且还可以帮助企业在经济方面实现更好的效益，让企业的经济、能源的发展相互之间形成一种良性的循环，对于企业在长远方面的发展而言是非常有利的。

2. 设备在投资方面相对比较低

应用了活性焦的技术之后，虽然说在前期的投入相对来说会比较高，但是这项技术使用的范围是非常广的，对很多种污染物都可以实现有效地去除，相比传统的那些单独的脱除技术，优势还是比较明显的，不仅如此，这项技术在优点上还具备对空间的要求比较小、原料投入的也比较少等，在后期的运行当中，还可以为企业在开支方面实现大量的成本节约。

3. 运行的效益比较高

采用了活性焦的净化技术之后，可以把污染物质二氧化硫，直接转换成在应用方面比较有价值的硫黄。这对企业而言，在经济方面就带来了一笔额外的收益，而且在环境方面也起到了保护的作用。

（四）新型煤化工硫在近零排放方面所存在的问题以及对策

活性焦的净化技术，再对二氧化硫进行吸附的时候，会产生出水、二氧化碳，不能排除对脱硫的效果产生一定程度上的影响，因此对于反应体系当中，那些无关的物质在及时的排出这方面，还是需要展开进一步的研究。

二、新型煤化工的废水在零排放技术方面的应用策略

新型煤化工的废水零排放实施的必要性。对废水进行流排零排放，在应用的方面的意义，主要体现在：

我国的经济发展，现在已经进入了一个崭新的阶段，不仅要对经济进行发展，还要注重对能源、资源、生态环境进行保护，因此必须采取非常科学有效的措施，针对煤化工废水所造成的污染，进行有效地降低。

使用废水零排放的技术，在环境保护水平的提高方面，是一种非常有效的途径，能够让生态环境在平衡性方面得到有效的保障。

新型的煤化工在废水零排放方面的技术需要改进的思路。当下在新型煤化工当中，针对废水零排放的技术，依然还是存在着第二水源在保障上不够充足、针对废水的水质在特点上分析不够明确等问题，对于废水零排放的技术，在实际的应用当中起到了阻碍的作用。具体而言，要想实现新型煤化工在废水零排放技术当中的改进，就应该去遵循以下这些思路：

加大技术的研究和创新的力度。在现阶段，针对新型煤化工的废水，在零排放的工作当中，有关的部门、企业应该适当加大科研的创新研究，针对技术的水平去做出不断地提高，同时有关的企业、部门应该充分意识到，专业人才不足也是制约着新型煤化工废水零排放的新型技术在发展方面的一个关键的问题。因此，有关的企业、部门，应该把培养人才这项工作，及时重视起来，根据自身的实际情况，去在专业方面开展一些相应的培训，才能确保培养出来的这些人才，可以在废水零排放技术当中，开展科学、合理、高效的工作，进而有效地去促进新型煤化工的产业在未来的发展。

完善相关的技术设施。新型煤化工当中废水零排放的这项技术，在实际的应用当中，通常会因为设备在配套方面不够完善，进而导致技术没有办法进行科学、有效的应用。因此对于这两个方面，应该同时着手去进行解决：其一，相关的负责人员在配套设施方面，要加大资金的投入力度；其二，技术人员要针对设备，在实际的运行情况方面，做到实时、精准、清楚地把握，才可以让技术在应用当中的有效性得到保障。

采取适当的技术措施。新型煤化工在实际的生产过程当中，会有大量的废水被排放，这些废水当中都含有不同类型的化学物质，因此必须要针对其展开精准的分析，才能够有效地去确定，具体采取哪一种废水零排放的技术，才可以对这些废水实行有效的处理，为了让分析的结果在准确性方面得到保障，就必须去采用各种高科技的技术来进行针对分析，在准确度方面进行提高。

综上所述，今后新型煤化工在实际的发展过程当中，要积极地去研发各种新型的技术，针对以前的那些煤化工生产的技术，进行不间断的创新、优化，确保新型煤化工的项目在能效方面能够达标，积极地去响应环保的理念，进而让煤化工的企业实现长期发展的目标。

第四节　煤化工技术的国际竞争力

目前我国基本掌握了煤化工系列核心技术，处于世界领先地位。不同煤化工技术的经济性差异很大，但总体来看，只要继续改进完善，即使在低油价下，煤化工技术也有很强的市场竞争力。

现代煤化工自诞生之日起，各方就对其安全环保性、技术经济性、战略重要性争论不休，不少机构甚至假设不同石油 / 煤炭价格条件下，对现代煤化工的技术经济性进行了展望。然而，近两年国际油价的持续低位徘徊和煤炭价格的大幅上涨，颠覆了所有预言者的推导。在这种极端条件下现代煤化工不同路径的表现，真实反映了其技术经济性、市场竞争力和发展前景。

一、煤制烯烃：优势明显步入发展快车道

甲醇制烯烃堪称我国创新领域的成功典范，其从技术方案遴选到实验室技术开发、中试，再到工业化试验和工业化示范，乃至现在的商业化推广应用，均是稳扎稳打地向前推进。这种节奏和模式，有利于技术工艺的不断优化和完善，能够最大限度地降低工业项目的投资与运行风险，也有利于社会对技术工艺本身的认知和认可，使其在不同阶段聚集了更多的社会基础、民意基础和市场基础，产业前景持续向好。

自 2010 年 8 月我国自主开发、具有完全自主知识产权的世界首套煤制烯烃示范工程——神华包头年产 180 万吨煤制甲醇、60 万吨甲醇制烯烃装置一次投料成功并生产出合格产品以来，我国煤（甲醇）制烯烃发展异常迅猛。

从技术流派看，目前已经拥有中科院大连化物所的 DMTO、中国石化的 SMTO 和清华大学的 FMTO 三种不同煤（甲醇）制烯烃工艺路径，而且前两条路径均通过了工业化装置运行验证，后者正在建设工业化示范装置。加上从国外引进的 MTP 技术，使我国一举登上煤（甲醇）制烯烃技术的巅峰。技术的绝对领先地位，为煤（甲醇）制烯烃产业快速发展和提升竞争力打下了坚实的基础。

截至 2016 年年底，我国已经建成并运行 28 套煤（甲醇）制烯烃及甲醇制聚丙烯装置，合计聚烯烃产能 1173 万吨 / 年，占当年国内 4053 万吨聚烯烃产能的 28.94%。2017 年，还将有 213 万吨煤（甲醇）制烯烃项目投产，到年底，煤（甲醇）制聚烯烃产能在国内聚烯烃总产能的比重将进一步提升至 32.53%。

从经济性看，神华包头项目自 2011 年开始商业化运营以来，实现了持续盈利。紧随其后陆续建成投产的神华宁煤 MTP 项目和中煤榆林、宁夏宝丰、神华榆林、延长石油靖边、陕西煤业蒲城等 DMTO 项目，每年实现利润均超过 1 亿元，有的甚至超过 10 亿元。这在 2014 年下半年以来国际石油价格大幅下跌并持续低位运行的情况下，显得极不寻常。

尤其在 2016 年，面对国际油价低位运行而国内煤炭价格三季度以来持续大幅上扬的双重挤压下，众多煤制烯烃项目依然实现较好盈利，再次验证了煤制烯烃技术的先进可靠性和较强的竞争力与抗风险能力。

展望未来，随着中国城镇化步伐的加快，以及现代农业、新农村、汽车工业的发展，中国对乙 / 丙烯、聚乙烯 / 聚丙烯的需求仍将增加，现有产能无法满足需求，乙烯、丙烯供需缺口较长时间内仍将存在，烯烃行业前景依然可期。加之经历了 2014 年下半年以来的长期下跌，国际石油价格后期有望缓慢攀升，推高石油路线烯烃生产成本，带动烯烃（聚烯烃）价格温和上扬。而煤炭价格在经历了 2016 年 9 月以来的大幅上涨后，后期再度上涨的空间已经不大，下跌的风险反而增加。此消彼长，将使煤制烯烃的成本优势和竞争优势更加明显。

基于对煤制烯烃项目经济性的良好预期，近几年，国内建设煤制烯烃项目的热情始终不减。2015 年和 2016 年，国内煤（甲醇）制烯烃新增产能均超过 300 万吨。2017 年一季度，又有中安煤化一体化、中天合创二期、山西焦煤飞虹煤化工、吉林康乃尔化学、久泰能源、青海大美等众多煤制烯烃项目开始建设，加上其他规划和将要启动的项目，预计未来 5 年，国内煤（甲醇）制烯烃产能年均增长将达 230 万吨左右。到 2022 年年底，国内煤（甲醇）制烯烃总产能将达 2560 万吨 / 年，届时将占国内烯烃总产能的 40% 以上。

从国际上看，目前已有印尼、美国、加拿大、中东等国家和地区在谋划建设甲醇制烯烃装置，印尼和美国的一些项目已经启动，表明这些国家和地区同样看好甲醇制烯烃的前景和竞争力，以期通过当地丰富且价格低廉的煤、页岩气或石油伴生气，经甲醇生产附加值更高的烯烃产品，实现效益最大化。

这表明，若统筹全球资源和市场，煤（甲醇）制烯烃产业才刚刚起步，后期将步入稳健发展快车道。在可预见的二三十年内，国内煤（甲醇）制烯烃产能占比有望超过 50%。国外一些油气煤水资源富集、价格低廉且环境容量较大的国家和地区，煤（甲醇）制烯烃的发展空间会更大。

二、煤制油：政策眷顾有望再度焕发生机

与煤制烯烃技术相似，我国煤制油技术从实验室开发到中试，再到工业化示范及商业化应用的路子走得同样顺畅。目前，我国已经掌握了煤直接液化、煤低温间接液化、煤高温间接液化、煤油混炼、中低温煤焦油加氢、中低温煤焦油固定床全馏分加氢、中低温煤焦油悬浮床加氢等 7 种不同煤制油技术工艺，煤制油技术水平世界领先。

截至 2016 年年底，我国已经建成煤制油产能 1220 万吨 / 年。其中，煤直接液化装置 1 套，产能 108 万吨 / 年；煤间接液化装置 6 套，产能 575 万吨 / 年；煤油混炼装置 1 套，产能 45 万吨 / 年；中低温煤焦油加氢装置 12 套，产能 492 万吨 / 年。

从相关项目近几年的表现看，当国际石油价格 65 美元 / 桶以上时，煤制油项目整体可以实现盈利。其中，煤间接液化、中低温煤焦油加氢项目的经济性和竞争力更强一些，这从 2014 年之前伊泰、神华、潞安、庆华、陕煤天元等众多煤制油项目年利润均超过 1 亿元的业绩中得到体现。即便在国际石油价格大幅下跌的 2014 年，煤焦油加氢、煤间接液化项目的盈利依然令人满意。比如国内煤焦油加氢龙头企业神木天元煤化工公司 2014 年实现利润 2 亿元；煤间接液化标杆企业内蒙古伊泰煤制油有限责任公司当年实现净利润高达 5.37 亿元。

但好景不长，煤制油企业的困境自 2015 年起悄然降临。2012 年 11 月 6 日，国家税务总局颁布关于消费税政策的新公告，规定从 2013 年 1 月 1 日起，对一切非国标液态石油煤化工品征收消费税。据此文件，我国于 2014 年 11 月 28 日、12 月 12 日及 2015 年 1 月 12 日，相继 3 次上调成品油消费税，使国内汽油、石脑油、溶剂油和润滑油的消费税骤增至 1.52 元 / 升；柴油、航空煤油和燃料油的消费税高达 1.2 元 / 升。对应的煤制油企业生产的石脑油消费税为 2100 元 / 吨、柴油消费税为 1400 元 / 吨，几乎吞噬了低油价下煤制油企业的全部利润。

受此影响，2015 年，神华集团鄂尔多斯煤直接液化项目出现亏损，内蒙古伊泰煤制油有限责任公司 16 万吨 / 年煤制油项目利润大幅缩减至 5000 万元，其余众多煤制油项目的利润则锐减 70% 以上甚至亏损。2016 年，受国际石油价格持续低位徘徊、国内成品油价格走低、煤炭价格大幅上涨，以及高企的成品油消费税负等因素打压，煤制油行业全面亏损。其中，拥有 12 万吨 / 年中低位煤焦油全馏分加氢的陕煤集团神木富油能源科技公司亏损 9000 余万元，陕煤集团神木天元煤化工公司扣除应缴税款后巨亏 4 亿多元。煤制油行业的标杆企业——内蒙古伊泰煤制油有限责任公司，虽然使出了浑身解数，通过优化产品结构和加强内部管控，全年共生产油品和煤化工产品 19.45 万吨，超

出设计产能的21.56%，但最终仅盈亏持平，交了一份装置商业化运营以来最差的成绩单。

也就是说，煤制油行业没有被低油价拖垮，也不惧大幅上涨的煤炭价格，但根本无力承受油价下跌、煤价上涨和税负繁重的三重打压。显而易见，当前情况下，从量计征的过高税费负担，已经成为压倒煤制油行业的最后一根稻草。这并非危言耸听，据权威机构测算：依当前的油价、煤价和税率，煤制油项目柴油综合税负为36.82%，石脑油综合税负高达58.98%。以2016年年底投产的神华宁煤400万吨/年煤间接液化项目为例，仅消费税一项就占其油品成本的40% ~ 45%！

难怪业内人士感慨：煤制油企业当前的困局，既不是企业自身经营不善，也不是工艺技术不先进，更不是项目自身缺乏竞争力，而是过重的税负这一人为因素导致的结果。

从市场经济角度看，对煤制油企业征收成品油消费税也有失公允。道理很简单：同样以煤为原料，煤制化肥、煤制甲醇、煤制烯烃、煤制乙二醇等众多煤制化学品均未征收消费税，为何偏偏要让煤制油企业承受高额税负？

可喜的是，煤制油行业的上述困境和遭受的不公平待遇，引起了社会各界的关注。2015年，有“两会”代表和委员不断提交建议和方案，呼吁国家减免对煤制油企业征收成品油消费税。2016年，参加全国“两会”的宁夏回族自治区政协委员，牵头向国家有关部委提交了《关于出台煤制油品相关税收政策推进煤炭清洁高效利用的提案》，建议对煤制油品行业制定专门的消费税，即当原油价格低于一定程度时免征消费税，原油价格回升时可根据煤制油行业整体盈利水平制定阶梯税收政策，以提高煤制油行业的市场适应性。2016年7月19日，中共中央总书记习近平来到宁东能源煤化工基地，详细了解全球单体规模最大的煤制油工程项目——神华宁煤400万吨/年煤间接液化示范项目的建设情况，肯定了我国在煤化工领域取得的创新成就。2016年12月28日，神华宁煤煤制油项目投产成功之际，习近平总书记做出指示，称“这一重大项目建成投产，对我国增强能源自主保障能力、推动煤炭清洁高效利用、促进民族地区发展具有重大意义，是对能源安全高效清洁低碳发展方式的有益探索，是实施创新驱动发展战略的重要成果”。

另据了解，2015年至2016年，国家财政部、国家税务总局、国家发改委、国家能源局等部委领导，先后赴神华宁煤、神华鄂尔多斯、内蒙古伊泰、陕煤神木天元、山西潞安、陕西榆林未来能源煤化工公司等煤制油企业调研，全面了解煤制油企业的现状和税负情况。

在各方共同努力下，压垮煤制油行业最后一根稻草的成品油消费税终于要被取消。2017年“两会”期间，宁夏代表团对外透露：国家七部委已经同意取消煤制油（包括煤直接液化、煤间接液化、煤焦油加氢）企业此前缴纳的石脑油、柴油消费税，政策有效期暂定 5 年。据悉，目前这一方案已经上报国务院等待批复并公布。不少煤制油企业 2017 年开始，已经暂停上缴成品油消费税，业绩出现明显改善。

由于国家已经明确煤制油在保障国家能源安全方面的重要战略地位，煤制油示范项目有望获得更多实质性支持。加之煤制油本身仍有一定的成本优势，以及其油品具有比石油路线成品油更清洁、比重更大、续航能力更强、更适合生产国内紧俏的航空油、润滑油、基础油等特性，使煤制油的综合优势更加明显。尤其规模放大后，煤制油品后序还可生产高纯蜡、硬质蜡、∂- 烯烃等几十种石油炼制无法获得的高端精细化学品的这一优势，有利于行业在度过艰难的起步期后稳健发展。

根据《煤炭深加工产业示范“十三五”规划》《现代煤化工创新发展布局方案》，2020 年前后，我国煤制油品产能将达 1300 万吨 / 年。而据了解，由于相关规划和方案并未将煤焦油加氢制得的油品纳入其中，2020 年前后，我国煤基油品实际产能可能高达 2300 万吨 / 年；2025 年前后，我国煤制油品规模将攀升至 5000 万吨 / 年，形成陕西榆林、宁夏宁东、内蒙古鄂尔多斯、新疆伊犁等 4 个千万吨级煤制油基地和山西长治、新疆哈密两个 500 万吨级煤制油基地。

三、煤制气：掌握核心技术才能摆脱困局

从理论上讲，煤制气在现代煤化工中的前景最为光明。

一方面，我国人口众多，对能源需求大。尤其在各地为了治理雾霾、改善大气环境质量，纷纷推出气代煤规划的背景下，国内对天然气的需求必将持续大幅增加。在国内富煤、缺油、少气的资源禀赋约束和进口天然气（包括 LNG）存在诸多不确定性的情况下，煤制气的发展空间巨大，具有其他煤制化学品无可比拟的市场优势。

另一方面，新疆、内蒙古煤炭资源量分别高达 2.19 万亿吨和 1.2 万亿吨，两者之和占到全国煤炭资源总量的 62.3%。但由于地处偏远、交通不便，两地丰富的煤炭资源很难被有效开发利用，更无法将资源优势转化为经济和发展优势。为解决这一问题，国家在制定《煤炭深加工示范项目规划》及《能源“十三五”规划》时，均将蒙东、蒙西、新疆准东、新疆哈密纳入重点规划区域。在已经建成、核准或给予批复的合计 17 个煤制气项目中，有 14 个项目集中于上述区域。其意图就是通过建设煤制气项目，在增加国内天然气供应、缩小国内天然气供需缺口的同时，能够将新疆、内蒙古等地难以便捷运输的煤炭资源，通过输气管道输送至全国各地，实现西煤东运、北煤南运、平衡全国能源需求和东、中、西部经济社会生态协调发展的目的。

按理来说，这种既有巨大市场需求，又有重要战略影响且备受各方关注的行业，应该发展得顺风顺水、红红火火，相关企业也应该赚得盆满钵满。但事实正好相反，在已经商业化的四大现代煤化工技术路径中，煤制气目前的表现最差。除去刚刚投产的伊犁新天20亿立方米/年煤制气项目，2016年以前投产运营两年以上的大唐克旗、内蒙古汇能、新疆庆华3个煤制气项目，给予投资人的回报均为负值。大唐集团甚至不堪包括煤制气在内的煤化工项目的连年大幅亏损和“吸血”，将曾经投资数百亿元的煤化工板块作价1元出让！

虽然不少业内人士将煤制气当前困境的原因归咎于中石油等巨头对天然气管网的垄断经营、刻意压低煤制气进入管道的价格、国家政策打压，以及国际油气价格下跌和国内煤炭价格的坚挺，但仔细分析不难发现，上述因素的负面影响固然存在，但煤制气困局的真正原因，还是没有掌握先进成熟的核心技术，是行业自身本领不过硬。

纵观已经建成的4个煤制气项目，均有以下共同特点：

一是为了从粗煤气中最大限度地获得甲烷气，气化装置均采用了碎煤加压气化技术。与先进的粉煤气化或水煤浆气化技术相比，碎煤加压气化存在煤种适用范围小、单台气化炉规模小、污水产生量大且成分复杂难以处理、工艺流程长、环保设施投入与运行费用高、环境风险大等弊端。在环保要求日益严格的情况下，这种技术将会持续增加整个装置的运营成本，削弱煤制气装置的盈利能力和竞争力。

二是包括甲烷化反应器、甲烷化催化剂及循环气压缩机等关键设备和助剂，几乎全部从国外进口，增加了项目投资成本和后期运行与检维修费用，同样会抬高产品综合成本、降低装置盈利能力。

三是无论工艺设计、装置布局、装置规模、技术路径，均套用或基本套用了美国大平原公司煤制气模式。由于美国大平原公司建成于20世纪80年代中期，受当时技术条件限制，不可能采用更先进的煤气化及甲烷化技术，且因其是全球首个煤制气项目，当时并无成熟经验可供借鉴，致使其从项目前期准备、施工建设，到后来的生产运营，均走了不少弯路，甚至一度出现巨额亏损。国内众多煤制气项目不加甄别（也无更多案例可选）地照搬大平原模式，等于跟随了一位“不良”老师，又怎么会有好的结果呢？

因此，破解煤制气的困局，首先应尽快开发适宜的大型、特大型煤气化炉和先进可靠的甲烷化技术工艺，并实现技术装备国产化；其次应支持1～2个项目，采用国产化设备、催化剂及国内自己设计的工艺流程，严格按照实验室技术开发、中试、工业化示范装置验证等步骤，不断改进和优化煤工艺设计，并在工业化示范取得成功后再商业化推广应用。

令人欣慰的是，国内一些企业自主开发的技术，已经能够担当降低煤制气项目投资和能耗、提升项目盈利能力的重任。

比如，陕西延长石油集团开发的CCSI技术（煤热解气化一体化）和大型输运床连续气化技术，由于回收利用了煤焦油、实现了热焦粉的直接气化，加之单台气化炉日处理煤量可达5000吨，且无难以处理的废水产生，其节能减排和经济效益十分显著。经测算，以该技术为龙头建设煤制气项目，每立方米天然气成本可控制在1.1元以内。

再如，新奥集团开发的煤催化气化、煤加氢气化技术，不仅煤的适应范围广、粗合成气中的甲烷气含量超过20%(最高可达50%)，而且不会产生大量难以处理的气化污水。采用这种技术建设的煤制气装置，成本可控制在1元/立方米以内。

北京矿业大学梁杰教授领衔开发的煤地下汽化技术，已经通过了数个工业化中试验证，推广应用后，将因其工艺流程短、投资少、对煤种适应能力强、能够最大限度地利用边际煤炭资源及“三废”排放少等优势，大幅降低了煤制气装置的投资运营成本；大连化物所等单位开发的甲烷化技术和催化剂，现已通过中试验证和专家鉴定；沈鼓、陕鼓等国内动设备龙头企业，完全具备生产大型循环压缩机的技术和实力。

业内专家指出，如果采用上述国产化技术、设备，并精心设计，一个40亿立方米/年煤制气项目的投资可控制在200亿元以内，比目前建成和在建的项目节约资金约100亿元。按目前的煤炭价格计算，煤制气的综合成本可控制在1.3元/立方米以内，远低于目前已经建成投产的几个煤制气项目1.6～1.9元/立方米的综合成本，具备与国产天然气和进口天然气竞争的实力。

后期，只要国家整合相关资源，选择并支持几家有实力、有责任担当的大型企业进行煤制气技术、装备、工艺设计的试验和示范，像其他现代煤化路径一样，总结开发出拥有自主知识产权、符合中国实际的先进实用的煤制气成套技术，并稳步推广应用。同时，加大天然气价格改革和管网输送领域的改革力度，使相关企业能够平等地参与竞争，相信拥有巨大市场需求并肩负西煤东送重大战略使命的中国煤制气行业，必将迎来属于自己的春天，获得快速可持续发展。

四、煤制乙二醇：暂时受挫，前景依然乐观

与煤制油和煤制烯烃相比，煤制乙二醇可谓起了个大早，赶了个晚集。

由中科院福建物质结构研究所承担的煤制乙二醇研究课题，与由中科院大连化物所承担的甲醇制烯烃课题几乎同时于20世纪80年代启动，分别经历了实验室小试、中试、万吨级工业化试验，再到2009年前后的工业化示范应用。但煤制乙二醇的商业化应用

远不及煤制烯烃那么成功，相关企业至今还在亏损的边缘苦苦挣扎。这其中的原委虽然众说纷纭，但最核心的无非两点：一是技术工艺本身尚不完善；二是市场消纳低于预期。

就技术而言，福建物构所开发煤制乙二醇技术时，有 3 条路径可供选择，即以煤气化制取合成气 ($CO+H_2$)，再由合成气一步直接合成乙二醇（直接法）；以煤气化制取合成气 ($CO+H_2$)，合成气经甲醇生产烯烃继而得到乙烯，乙烯环氧化生产环氧乙烷，环氧乙烷水解获得乙二醇（间接法）；以煤气化制取合成气 ($CO+H_2$)，分离提纯后分别得到 CO 和 H_2，CO 通过催化偶联合成及精制生产草酸酯，草酸酯与 H_2 反应获得乙二醇（草酸酯法）。考虑到直接法所需催化剂的制取难度大，间接法工艺流程长、投资大、生产成本高等现实问题，该所最终选择了开发草酸酯法煤制乙二醇技术。

据业内人士介绍，福建物构所联手相关单位开发的万吨级草酸酯法煤制乙二醇工业化技术，其本身并无根本性缺陷，当时的运行结果也达到了设计要求，并通过了专家组的鉴定。但在该技术放大 20 倍建成全球首套煤制乙二醇工业化装置——通辽金煤 20 万吨的年煤制乙二醇示范项目时，适逢国际油价持续高涨、煤制乙二醇预期的成本优势显著，相关方迫切希望能尽快建成工业化装置，以期早日获得回报。在这种思想指导下，相关方对工艺包的优化不够、对工业化装置与工业化试验之间可能存在的差异估计不足，加之工程化过程无经验可供借鉴，导致项目建成后，发现工艺设计、设备选型、催化剂寿命与使用效果等方面均不同程度地存在问题，以至示范项目在打通流程后，用了近两年时间查漏补缺，装置负荷率才逐渐提高。

即便如此，时至今日，已经投运了 7 年之久的示范项目，仍未能实现满负荷甚至超负荷率长周期稳定运行，且非计划停车时有发生。这种状况反过来又增加了单位产品能耗和综合成本，甚至影响到产品质量，削弱项目盈利能力。加之项目投产以来，为了查漏补缺、优煤化工艺，通辽金煤公司每年都要投入大量资金实施技术升级改造，大幅增加了项目的财务和折旧费用，最终导致该示范项目自投产以来，不仅未给投资者带来丰厚回报，反而累计亏损超过 5 亿元。

不难看出，通辽金煤公司煤制乙二醇工业化示范项目差强人意的表现，一个很重要的原因就是项目建设前，有关各方的功课做得不够扎实，把本来应该在工业化试验时发现并解决的问题，留给了工业化示范装置。另一个重要原因，则是投资者对煤制乙二醇市场的盲目乐观。事实上，包括通辽金煤在内的众多煤制乙二醇项目建设的初衷，都是盯上了国内乙二醇供应缺口较大这块蛋糕。不可否认，我国乙二醇的确存在较大供需缺口。2015 年，我国乙二醇产能 791.3 万吨 / 年（其中煤制乙二醇产能 230 万吨），产量 391.5 万吨，表观消费量 1266.7 万吨，净进口 875.2 万吨，对外依存度达 69.09%；2016

年，在众多煤制乙二醇装置投产推动下，我国煤制乙二醇产能增至 819 万吨，产量增至 506 万吨，净进口 751.3 万吨，表观消费量 1257.3 万吨，对外依存度虽有所下降，但仍高达 59.76%。

按照常理，如此大的市场供需缺口，定会推动国内乙二醇价格持续走高，煤制乙二醇应该赚得盆满钵满。但这些企业显然忽略了两个问题：

一是中国经济已经融入全球经济，中国短缺的乙二醇，国际市场已经过剩，在石油价格低位运行打压国际乙烯法乙二醇价格走低的大环境下，大量低价进口乙二醇不仅填补了我国乙二醇市场的供需缺口，也打压其价格使之难以独处高地，压缩了煤制乙二醇的溢价空间。

二是没有仔细梳理国内乙二醇下游用户及其需求。虽然国内乙二醇供需缺口较大，但超过 90% 的需求来自对乙二醇质量要求严格的聚酯纤维（涤纶）和聚酯切片（瓶、膜）领域，而防冻剂、增塑剂、水力流体、溶剂等对质量要求不是很严格的领域，每年消耗的乙二醇占比不足 10%。由于煤制乙二醇技术工艺尚不成熟，所得产品成分比较复杂，部分杂质目前没有办法检测出来，而这些杂质又会影响涤纶的色泽、色牢度等，给下游聚酯工厂在使用过程中带来诸多不确定性，因此并未获得聚酯企业的认可和接受——包括恒逸石化在内的不少大型聚酯生产企业，不久前还明确表示不会采用煤制乙二醇做原料。一些中小型聚酯企业为了降低成本，虽然也掺混使用煤制乙二醇，但掺混比例普遍只有 10% ~ 20%，且只有当煤制乙二醇比乙烯法乙二醇有明显的价格优势时才肯采用。也就是说，看似庞大的国内乙二醇市场，煤制乙二醇企业只能望市兴叹。

如此说来，煤制乙二醇岂不成了食之无味、弃之可惜的鸡肋？当然不是。

其一，煤制乙二醇始终得到国家政策扶持。回顾现代煤化工发展的历程，无论煤制气、煤制油、煤制烯烃，抑或是尚未工业化的煤制芳烃，在不同阶段均受到过政策限制和打压，相关项目的核准甚至一度收归国家发改委，项目环评也由国家环保部审批，煤制芳烃项目更因群众抵制难以落地。但煤制乙二醇是个例外。由于国内缺口大、关乎纺织等行业发展和 13 亿中国人的衣食问题，而且又具备项目投资小、理论上见效快等优势，近几年无论国家对现代煤化工态度如何变化，始终未殃及煤制乙二醇，这使得煤制乙二醇的发展拥有宽松的政策环境和良好的民意基础。

其二，市场需求大，中短期没有产能过剩之虞。根据权威机构分析并结合我国纺织、聚酯等行业中长期发展规划，今后 10 年，我国乙二醇需求增长年均将超过 6%，2020 年国内乙二醇消费量将达 1830 万吨，2025 年将达 2600 万吨，届时国内石油路线乙二醇分别只能满足 35% 和 40% 的需求，从而使煤制乙二醇面临每年上千万吨的市场机会，中短期内无产能过剩之忧。

其三，目前我国至少有 8 家单位掌握了煤制乙二醇核心技术，4 家单位的技术已经实现了工业化应用，另外还从日本、美国引进了两款煤制乙二醇技术，且均建有工业化装置，相关设备、催化剂也全部实现了国产化，从而使国内煤制乙二醇技术总体水平和工业化程度全球领先，行业后期发展拥有较强的技术支撑。

其四，经过工艺的不断优化和改进，包括新疆天业、阳煤深圳煤化工、阳煤寿阳煤化工、山东华鲁恒升等近几年刚刚建成投产的煤制乙二醇装置，其产品的优等品率达100%，已经被下游聚酯企业接受，有些企业生产的乙二醇，在聚酯企业原料中的掺混比例甚至高达 30%。

后期，只要加强沟通协调，做到信息共享，以产业联盟或国家级重点实验室为纽带，由国家相关部门主导，组织科研院所、专利技术商、设计单位、有丰富工程管理经验的施工单位、煤化工专家、煤化工技术工人和管理人员组建联合攻关会诊小组，选择 1 ~ 2 家问题比较突出的煤制乙二醇企业，通过实地调研，会诊装置在运行过程中和产品质量方面暴露的问题，并指导其技术改造和优化升级，使装置能够安稳长满优运行，以此压缩单位产品能耗和综合成本，提升产品质量至完全满足聚酯行业原料的质量要求。届时，煤制乙二醇的成本优势将真正显现，并具备与国内外乙烯法乙二醇争夺聚酯市场的实力，步入盈利时代。

第五节　煤化工技术发展的几点思考

煤化工技术是指以洁净煤为基础，通过化学加工将煤炭转换成固体、液体、气体以及化学品等煤化工燃料。随着生产力的进步，煤化工逐渐以合成氨、甲醇以及焦炭为主。传统的燃煤技术很容易造成煤资源的浪费，而且在燃烧中会产生很多有害气体，造成严重的环境污染。能源的不可再生以及工业的进步也对煤化工产品需求增加，煤化工技术的发展也逐渐受到人们重视。而煤化工技术上存在的诸多问题也在一定程度上制约了我国煤炭经济的发展。

以美国为首的西方国家非常重视煤化工技术的发展，投入了相当大的人力、财力、物力，对煤化工技术的研究也比较早，并取得了一定成果。国外的煤化工技术已经逐渐实现大规模生产，煤化工的整个过程中产生的环境污染也比较少，而且生产过程中尽量采用低能耗的生产方法，产品的浪费现象也比较少见。

丰富的煤炭资源、相对集中的分布、低廉的价格以及品种齐全的煤质为我国的煤炭工业发展提供了有力保障。但是，我国由于发展比较缓慢，煤化工技术也明显落后于其他发达国家。具体表现在工艺水平比较低，设备的加工能力不高，产品的品种少，而且生产过程中耗能比较高，环境污染严重。造成这种现象的原因有很多，其中最主要的原因是生产没有形成一定的规模，由于我国煤矿比较多而且分布在各个地方，很多公司都尝试着进行小规模的研究生产，技术以及人员方面都没有达到既定的要求，所以在生产时会给周围的环境造成一定程度的污染，而且产品的质量也不高。

目前，煤化工的核心是煤气化，煤气化技术始于1930年以后，方法有很多种，煤化工中的主要产品甲醇、醋酸、醋酐、醋酸酯、聚甲醛、DMF、甲烷氯化物、甲醇转乙烯、丙烯等都是以煤做原料来实现的。改革开放以后，国内很多公司纷纷引进了国外的煤气化技术，可是与国外的煤气化技术相比，仍然存在很大差距，我国还在研究新的煤气化方法。而对于煤炭液化、煤炭焦化等方面的研究还要相对晚些。此外，应用煤气化技术联合发电也逐渐被国内很多公司研究和应用。

一、煤化工技术的发展方向

（一）煤炭气化

煤炭气化是煤化工中非常重要的一部分。煤炭气化是一个热化学过程，具体是指以煤或煤焦为原料，以氧气、氢气、水蒸气等作为氧化剂在温度极高的条件下，通过这种化学反应将煤炭或煤焦中的可燃部分转化为气体燃料的过程。煤炭的气化可以分为五种：外热式水蒸气气化、自然式水蒸气气化、煤的水蒸气气化、煤的加氢气化以及氢化结合制造各种代用天然气等。此外，煤炭气化还有另外一种方式，就是煤的地下气化。

在我国，煤气化技术被广泛应用于冶金、机械、煤化工、建材等工业生产。我国已经逐渐开始自主研究煤炭气化技术，干煤粉气流床气化、多嘴喷水煤浆气化都是我国拥有自主知识产权的煤炭气化技术。这些技术的工艺指标都达到甚至超过了国外同类技术水平，而软件的费用却不到同类技术的一半。煤炭气化技术的应用领域十分广泛，工业燃气、民用燃气、冶金、发电、煤炭气化燃料电池等多个领域都有涉及，而且煤炭的其他各种变化也离不开煤炭气化。国内的煤气化技术起步较晚，可以结合国外引进的先进技术，根据自身煤质、煤种的特点，研发出适合自己的炉型和工艺。煤气化技术的研究开发还需要大量的专业人才，才能研发出更多的煤气化产品。

（二）煤炭液化

煤炭液化分为间接液化和直接液化。间接液化是指先合成气，再以合成气为原料合成液体燃料。在我国，气流反应器、浆态床反应器、固定床反应器已逐渐在煤炭的间接液化中投入使用。煤炭的直接液化比间接液化对原料的要求还要严格，但是直接液化的效率也比较高，能够生产汽油和芳烃。我国已经逐渐将煤炭液化的相关技术引入，辅助国内煤炭液化的发展。

从我国的国情来看，石油资源的供给不足已经阻碍了我国能源的发展，因此，煤炭液化逐渐成为煤炭企业关注的焦点。相对煤炭气化来说，煤炭液化对煤质的要求比较高，需要经济上的大量投资以及更高的技术支持，因此，煤炭液化的发展还需要经过一段较长的时期。但是煤炭液化也是煤化工技术中很重要的一部分，这就要求国家要拓宽融资渠道，培育专业队伍，建立相应的煤炭液煤化工程研究基地，以加快煤炭液化技术的进程。“十一五”规划建议中就确立了以煤为基础、多元化发展的基本方略，多元化发展中就涉及了煤炭的液化，事实证明，我国的煤炭工业将继续保持旺盛的发展趋势，在今后较长一段时间内，煤炭液化将会成为研究的重点。

（三）煤炭焦化

煤经过焦化以后的产品主要有焦炭、煤焦油煤气和化学产品等三类。其中，焦炭是最重要的产品，煤焦油是焦煤化工业的重要产品煤气和化学产品的主要成分是氢和甲烷，分离合成后可以代替天然气作为日常燃料。我国焦炭产品方面的缺乏使许多国内大型的焦煤化工业看到了发展的前景，目前，我国的焦炭产量约 1.2 亿 t/a，居世界首位，直接消耗的原料煤占全国煤炭消费总量的 14%，可见，焦炭已经成为我国的主要出口产品之一，而且出口量呈现逐年上升的趋势。此外，低硫、低灰等优质的焦炭也在国外市场有很大的发展空间。目前，国家已经把煤炭工业的发展列入投资项目。煤炭焦化后的附属产品的价格也将受到政策的影响，焦化行业将继续调整和重组，整个煤炭行业都将面临模式的转变。黑龙江、山西等地区的煤商已经开始在煤炭焦化方面投入大量资金，强有力地推动了焦煤化工业的发展。

此外，煤化工合成产品以及替代燃料逐渐引起重视。比如，将甲醇进一步加工产生合成二甲醚等附属产品，这项技术正在研发，很多衍生品也相继出现，填补了能源上的空缺。

二、未来煤化工技术发展应该具备的特点

（一）以洁净能源为主要产品

新型的煤化工要以生产可替代石油煤化工产品和洁净能源为主，主要包括汽油、柴油、航空煤油、乙烯原料、液化石油气、聚丙烯原料、各种替代燃料、热力、电力等。此外，煤化工特有的产品如芳香烃等也应该广泛生产。随着社会经济的快速发展，清洁能源是

减轻环境污染、提高人们生活质量的重要保证，煤炭不仅耗费能源，而且污染严重，由此对社会的可持续发展产生严重制约。而清洁能源的开发则正好解决了这一问题，在未来的发展过程中，应当加强清洁能源技术研究，实现煤化工业的环保发展。

（二）煤炭与能源煤化工一体化

煤炭与能源煤化工的一体化是指煤化工技术要紧密依托于煤炭资源的开发，并与其他的煤化工技术和能源相结合以形成煤炭与能源煤化工一体化的新型产业。单一煤炭发展或者是单一能源发展容易造成资源浪费，如很多煤炭企业对于煤渣的处理都是丢弃，由此使得煤炭中的污染物质渗透到地表中，对环境及土壤都产生危害。通过将煤炭和能源煤化工结合，可以实现煤化工技术的进一步开发和应用，并由此形成新型产业，更好地满足社会主义经济发展需求。

（三）优化集成及高新技术

高新技术是指根据煤的特点及品种，把不同的特点与品种的煤转化成高新技术，并且能够在产品结构、能源梯度利用、产品结构等方面对不同工艺的煤实行优化与集成，以提高整体经济效益。同时，新型技术可以通过当代发达的网络技术将煤化工技术迅速提升到一个更高的起点。高新技术是推动经济发展的重要动力，因此，加强高新技术研究是推动煤化工技术发展的有效措施，同时还要对各种高新技术进行优化集成，以提高新技术应用效果，为环保、节约型社会的发展提供更有效的资源。

（四）大型化

大型化生产是指运用统一的生产模式、相同的技术，进行一整批煤炭的处理方式。具体来讲大型化生产在一定程度上节省了人力、财力、物力，而且促进了国内企业之间的合作。目前，我国的焦炭产量占世界总量的一半以上，而且有逐年上升的趋势，采用大型化的生产模式，不仅能够解决部分技术上的问题，而且生产过程完全自动化，生产出的煤化工产品质量也能够得到保障。因此，未来的煤化工技术应该是在大型化的基地完成的。这就要求构建大规模的装置，企业之间注意合作，最大限度的降低单位投资，加强煤化工带来的经济效益。

（五）低污染

煤化工技术在产生很多高附加值煤化工产品的过程中也对环境产生了严重的影响。因此，要使煤化工得到长远发展，就必须确保煤化工技术不断地革新。做好时时监督，在引进国外的先进技术的同时，对自身的设备及技术加以改良。煤化工技术的革新还应当涉及对煤进行处理之后的污水净化、废气处理等。这些后续工作不仅能够减少煤化工技术给环境带来的污染，而且也保障了煤化工技术的可持续发展。因此，对于煤化工以外的相关技术也应该被列入研究范围。

（六）节能耗

煤化工业也应该因地制宜的发展，才能有效地提高生产效率。未来的煤化工技术要以创造新能源、弥补我国在能源上的空缺为目的。因此，在生产过程中就要确保能源的消耗做到最少，能源的利用率高，并注意实现副产品的回收再利用，节约炼焦煤等宝贵资源。同时，开发下游产品，增加产业链，也是节约能耗的一种新途径。

大力发展煤化工已经成为我国今后能源发展的必然选择。国家已经建立了完整的政策和体系，规范煤化工的用煤质量要求。各个企业也积极开展煤炭气化、液化、焦化等方面的资源评价，根据企业的实际情况开展大规模的项目建设，对煤化工技术进行可行性的研究和创新。由此可见，煤化工技术的发展对整个国家的经济发展有着深远影响。

第二章　煤化工环保技术

第一节　煤化工技术的发展与新型煤化工技术

随着社会经济的飞速发展，各种不可再生资源消耗量也在不断地增加，这对于我国环境质量产生了较大的影响。在我国可持续发展理念推广过程中，煤化工技术的应用以及发展越来越受到了人们的关注和重视，通过合理应用煤化工技术可以在很大程度上缓解我国的能源危机，减少煤资源的开采量，同时还可以在一定程度上提高我国的环境保护质量。煤化工技术随着多年的发展和进步，其中的优势与不足之处也在实际应用中逐渐凸显出来，做好煤化工技术的开发和研究工作，对于促进社会经济的稳定发展有着重要的现实意义。

一、煤化工技术发展概述

（一）煤化工技术发展现状

煤化工技术就是将煤作为加工材料，利用一些化学手段和技术工艺将煤转化为气体、液体、固体燃料以及用于其他活动的化学品的一个过程。煤化工主要包括煤干馏、煤气化、煤液化等化学加工方法。煤化工技术发展至今其历史较为悠久，早在18世纪后期，全球就已经进入煤化工时代，并且随着科技不断地进步和发展，在19世纪煤化工技术已经逐渐完善，并且逐渐形成了煤化工体系。而随着煤化工技术发展至20世纪，由于石油和天然气的发展，在很大程度上削弱了煤炭煤化工产业的发展，而后又随着石油和天然气资源的日渐枯竭，煤化工产业又再一次复兴。煤炭能源是我国能源结构中尤为重要的一部分，煤炭能源的应用对于我国社会经济的发展有着重要的作用，其是确保我国能源安全以及利用的重要的一种基础能源。就我国煤化工技术的发展来看，我国还处于比较先进的阶段，而就现阶段我国煤化工技术来说，以煤炭资源为基础能源的能源利用结构不能在短期内进行改变，因此，这就需要加强对新型煤炭技术的开发和研究。

（二）煤化工技术分析

煤化工技术包括很多种，其主要有煤气化、煤液化、煤干馏等几种。首先，就煤气化技术而言，其主要是指将煤料借助高温和气化剂这两种条件发生的固体转为气体的一种热化过程。其中汽化剂包括二氧化碳、水蒸气、空气，这些汽化剂能够与煤发生非均相反应，产生二氧化碳、水以及烃类产物。其次，煤液化技术。煤液化是指将煤当中的有机质转化为流质产物，以此来获得液态的碳氢化合物，进而替代石油或者石油制品，所以说，煤液化技术具有重要的作用和意义。煤液化技术包括两个重要的组成部分，即直接液化技术和间接液化技术。煤液化技术下产生的产品具有非常大的市场作用以及市场潜力，这也是我国目前新型煤化工技术的发展方向。最后，煤干馏技术。煤干馏技术主要是将煤与空气隔绝，采用加热的方法将煤进行分解，这个过程就是煤干馏。煤干馏过程产生的产品一般都会包括煤焦油、焦炉气等，煤干馏技术所生产的产品在实际应用过程中有着尤为重要的作用，其应用范围也十分广泛。

二、发展新型煤化工技术的必要性

就目前我国经济发展趋势来看，新型煤化工技术的发展对我国的经济发展而言具有十分重要的作用和意义，新型煤化工技术的发展可以在很大程度上推动我国煤化工产业的发展，同时还可以在一定程度上缓解环境破坏问题，并且能够更好地缓解我国的能源危机。所以说，就当前形势而言，发展新型煤化工技术十分必要并且十分迫切。

首先，发展新型煤化工技术能够有效保证我国的能源安全。随着城镇化水平的不断提高，石油的需求量也有了很大的增长，在此背景下，石油能源安全问题就在很大程度上制约了我国社会经济的发展，而加强发展新型煤化工技术，就可以使煤炭资源有效代替石油资源，进而有效缓解石油能源安全问题。其次，发展新型煤化工技术符合当下环保理念。现如今随着社会经济的快速发展，环境问题也日益严重，和传统煤化工技术相比，新型煤化工技术更加注重低碳环保效益，其符合当下的环保理念。新型煤化工技术不仅能够有效地促进煤炭转化效率的提升，同时还可以有效地降低污染物的排放，进而实现煤炭加工行业绿色可持续发展。再次，发展新型煤化工技术可以有效促进区域经济的快速发展。煤炭资源主要分布在一些经济较为落后的省份区域，而发展新型煤化工技术也就给这些省份区域提供了良好的发展机遇。通过对新型煤化工技术的应用，对生产结构进行不断地调整和创新，使得煤化工产生的优势能够最大化得到体现，进而促进区域经济的快速发展。最后，发展新型煤化工技术能够促进我国构建煤炭强国。发展新型煤化工技术，可以促进煤炭行业朝着更加先进、健康、高效的发展方向进步，这样可以为我国煤炭事业的发展奠定扎实的基础，从而实现构建煤炭强国。

三、新型煤化工技术分析

（一）甲醛合成技术

目前，我国在生产和加工甲醛的过程中，基本上都是将天然气作为主要原料，但由于我国的天然气资源并不充足，无形中增加了甲醛的制作成本。在此背景下，很多研究人员开始尝试着通过煤炭代替天然气来制作甲醛，故甲醛合成技术应运而生，现已成为煤化工发展领域中的关键性内容。该技术流程分析如下：脱硫之后，通过气柜来压缩焦炉气，在此基础上实现精脱硫，通过对空气的有效成分进行应用完成转化，完全甲醛制作。从目前实际发展现状来看，甲醛合成技术体系相对完善，但由于我国的甲醛市场发展并不稳定，缺乏规模化生产的实践经验，由此也限制了该技术的快速发展和普及。

（二）氨合成技术

从理论角度来看，煤炭、石脑油、天然气等是合成氨的主要原料，实践过程中，主要就是通过氢和氨的高温高压，在催化剂的作用之下合成氨气。该技术发展历史较为悠久，目前，氨气合成厂家数不胜数，产能更是呈逐年递增的趋势。

（三）煤化工联产技术

在新型煤化工发展领域中，煤化工联产技术是很关键的内容，实践中，主要就是借助多种技术形成完善的技术方案，目的在于实现集成化生产的目标，最大限度提升资源的应用价值。例如，甲醛合成技术和 F-T 技术的有效联合、直接液化技术和焦化技术的融合等。目前，我国对于煤化工联产技术的应用尚处于初级起步阶段，在很多方面都存在不足和缺陷，仍需进行深入的探索和研究。

四、促进新型煤化工技术发展的有效途径

（一）加大行业控制和监管力度

若想实现煤化工行业的可持续稳定发展，首先便是要提升对控制和管理工作的重视程度，并积极营造出良好的技术氛围。具体而言，企业应从战略发展的角度，结合自身实际发展现状，严格执行国家相关产业政策和行业规划，强化对相关项目的管理和审批，以确保整个行业朝着健康、有序的方向发展。此外，还要制定严格的规章制度，对行业人员行为加以规范和约束，严惩不符合常行业标准或者政策规定的项目，杜绝后患。

（二）完善新型煤化建设体系

完善的煤化工技术体系，是确保其有效应用的基础和前提，故该问题也要引起企业的高度重视，实践中主要可从以下几方面入手：第一，结合相关技术经验，对现有技术进行创新和改进，完善技术体系；第二，建立产学研相结合的发展体系，将相关理论灵活的应用于实践当中，从而最大限度地发挥出理论的正确指导作用；第三，对国内外先进的技术理论体系进行借鉴和学习，并结合自身实际发展状况加以改进。

（三）构建良好的技术环境

结合新型煤化工技术的发展特征，国家可从金融管理、财税控制、环保管理以及土地利用等方面，出台相应的优惠政策，同时还要在确保生态用水、农业用水和生活用水的基础上，为各种新型煤化工项目的顺利实施提供便利条件，最大限度发挥新型煤化工技术优势。

（四）注重专业人才培养

不管是新型煤化工技术的学习，还是对原有技术的革新，都需要培养出一批高素质、高水平的专业煤化工技术人才。但纵观当前实际发展现状，发现人才的短缺正是制约我国煤化行业发展的关键因素。为此，企业在今后的发展过程中，一定要提升对人才培养工作的重视程度，定期组织人员参与教育培训活动，培训内容包括安全生产常识、技术实施流程、生产注意事项等等，从而全面提升人员的技术能力和水平，使其更好地满足当前的岗位发展需求，促进企业的健康稳定发展。

（五）提升产业链条构建意识

除上述提到的内容外，企业还要对新型煤化工项目的建设进度进行合理控制，确保煤化工项目和煤炭开发项目能够同时建成投产。此外，还要妥善落实好与市场的衔接工作，对煤炭液化项目、煤炭制天然气等的输送渠道进行疏通，鼓励其他的市场主体参与到管道建设工作中，推动新型煤化工技术的有效应用。

综上所述，若想实现新型煤化工技术的发展和普及，需要经历一个漫长的阶段。为此，国家和政府部门不仅要为该技术的发展创造优质环境，同时还要帮助企业树立正确的发展观念，强化人才队伍建设，完善技术应用体系，加大对企业的监管和控制力度，如此才能最大限度地发挥出新型煤化工技术的优势特征，促进企业的健康稳定发展。

第二节　煤化工产业环保问题

煤化工，即以煤为原料，在化学加工下，使煤转变为固体、气体和液体燃料的过程。我国煤化工产业始于20世纪40年代，在经过70余年的发展后，国内煤化工产业已初步形成了“煤转化为一次能源”“煤转化为二次能源”和“煤转化为煤化工能源”的产业格局。基于此，本节将着重分析探讨现代煤化工产业环保问题及发展趋势，以期能为以后的实际工作起到一定的借鉴作用。

一、现代煤化工产业环保问题

（一）废气排放

现代煤化工大气污染物排放优于火电。现代煤化工项目以煤气化为龙头，在生产工艺环节采用还原条件下的纯氧气化，煤中氮元素主要转化为氮气、氨氮，基本没有NOx生成；工艺过程中煤中的硫元素发生还原反应生成硫化氢，H_2S废气一般经过多级克劳斯工艺制硫黄或硫酸，硫回收效率可达到99.9%以上，仅有部分加热炉等排放少量SO_2；大部分粉尘均被液相捕集，工艺过程基本没有烟粉尘排放；工艺过程中，部分碳元素被固定在产品中，部分转化为CO_2，排放的工艺废气中CO_2浓度较高（87%~99%），有利于捕集与封存；煤中的汞大部分进入灰渣水，大气汞排放量极低。

（二）废水排放

废水处置是现代煤化工项目的主要环保问题。现代煤化工项目集中在西部，普遍没有纳污水体。但地方环保部门（如内蒙古）要求废水零排放，不允许设蒸发塘，导致环保投资和成本过高，对项目的经济性影响较大，且产生的杂盐目前暂定义为危废，尚无有效解决方式。目前，现代煤化工项目废水处理较好的有以神华煤直接液化项目为代表的“近零排放”模式，以及以神华包头煤制烯烃项目为代表的达标排放模式。而煤制天然气大多采用固定床气化，含酚氨废水很难处理，不太容易达标排放。

（三）废渣排放

现代煤化工项目的废渣主要包括气化灰渣、污水厂三泥、废催化剂、杂盐等。其中，气化灰渣占废渣总量的比例超过90%。以神华煤直接液化项目为例，年产生废渣总量为319826.7t/a（不含油灰渣）。其中作为一般固废处理的气化废渣量为319654.8t/a，占比为99.9%，消耗吨煤的废渣量为0.11t/t，与直接液化项目用煤的灰含量（10.5±2%）吻合，与一般电厂的吨煤灰渣量相当。而灰渣组成中，约 50% 为 SiO_2、30% 为 Al_2O_3 和 CaO，剩下 20% 为 Fe_2O_3、SO_3、K_2O 等，属于一般固废。污水厂三泥和废催化剂占比一般小于 10%，作为危废，交给有资质的企业进行妥善处理。

二、现代煤化工产业发展趋势

传统的煤化工产业首先要解决的问题是产业结构和生产工艺，新时代要求传统产业必须接受先进的生产模式，及时调整产业结构，加大力度引进新近科学的生产设备，淘汰陈旧失修的生产装备，逐渐向现代煤化工产业转型，实现数据化管理和控制煤化工产业链运行的目标，这种适时革新发展模式和技术工艺的做法能让煤化工产业健康顺利地发展下去[1]。

我国煤产业的可持续发展决定于环保和经济效益两者的综合评审，因此在一些具备发展条件的地区就需要采取最优化措施，实现能源的最优化利用，让能源得到循环有效的利用。在具体操作中不能只一心盯着产品的输出端，要综合全局考虑能源—煤化工—环保—一体化，这种既获经济利益、又得环境保护的经济产业链已经被资深专家认定为符合我国发展现状的重要方案。因此，要将这种一体化、节约化、最优化的理念贯穿到整个产业链，把煤的清洁高效利用作为煤化工产业的发展目标。只有放慢脚步，脚踏实地才能拥有仰望星空的资本和底气，在追求煤化工产业带来的经济效益的同时必须关注煤的清洁利用，这也是为煤化工产业的可持续发展奠定了扎实的基础，长此以往煤化工产业的前途不可限量。具体分析其前景如下：

（一）竞争力分析

在世界市场中，原有价格会直接影响煤制油项目的经济效益，也会直接影响到研发的进程。如果是企业投资的话，会有很大的投资风险。煤制油的研究需要大量的科研投资，相对于传统炼油行业，有着成倍的增长。生产成本的增加最终会导致利润空间缩小，很多企业就会选择放弃相关领域的研发。只有当主要的生产原料——新鲜水、原料煤和国际油价都处于一个有利的价位时，煤制油项目才会有利润，才会有竞争力。煤制天然气的技术已经成熟，总地来说，发展前景是被看好的。由于技术上的成熟，煤制天然气的关键影响因素来自生产成本及输气管道等的因素。其中，天然气输送是大问题。煤制天然气的主要竞争来自陆地天然气和进口天然气。中国天然气的消费主要在经济发达地区，在未来，当输送管道建设完善，煤制天然气会有相当的竞争力。

1 谢玉文，钟理，任伟. 石油化工废碱液处理技术进展 [J]. 现代化工，2009，29（6）：28-31.

（二）前景分析

现阶段，人们已经可以看到，新型煤化工产品总的来说，属于市场规模巨大、发展前景比较好的产品，当技术发展成熟，新型煤化工技术可以有序投产，是能够有效地解决未来石化产品的短缺问题的。目前，国际石油价格普遍走高，因此，煤炭具有一定的优势，此时建设定位准确的新型煤化工装置，选择成熟的技术，发展相应的工业，是会有很大的竞争力的。

总而言之，煤炭资源以及水资源和环境保护等相关因素的影响，导致煤化工产业在发展过程中产生了一系列的环保问题。在此背景下，如何在掌握煤化工概念及其发展现状的基础上，加强产业发展过程中环境保护问题与对策的研究，已成为当前煤化工产业和环境保护领域需要共同开展的关键工作，这就要求我们在以后的实际工作中必须对其实现进一步研究探讨。

第三节　煤化工环保思路及工艺技术

在绿色发展理念的引领下，煤化工企业的生产与发展也要寻求清洁化的生产工艺，通过提高从业人员的环保思想认识，改变加工工艺，提高废弃物的循环利用，减少外排放量，以及加强政府部门的监督指导等多层面的共同协调配合，才能真正实现煤化工行业的清洁生产，本节就这一问题提出了整体发展思路，指出了行业环保的重要意义。

一、煤化工的绿色加工工艺体系

为了解决好煤化工工业的废弃物污染问题，首先要从污染源入手，比如对煤炭自身一些碳、硫、氮等元素，以及加工后的有害产物进行分解处理，将一些结构复杂的、污染性较强的原料与产品，转变为绿色清洁产品，同时，实现废弃物排放量的减少，回收再次利用，以提高资源利用率，这是解决问题的最佳方案，也是最理想的方案。

对于煤化工企业，在实际生产过程中，可以实现对污染物排放的分级回收与处理，根据上游企业的具体排放物进行细化分类，哪些废弃物可以回收，作为下游企业生产的原材料，或是作为添加剂，通过点对点、一对一的结合，使得下游企业消化分解上游企业的废弃物，降低废物外排放，提高回收利用率，可有效缓解对环境造成的污染。

政府部门作为监督管理部门，有责任、有义务加强对煤化工企业的排放监管，严格把控行业准入标准与排放标准。对于不合格、不能达到环保要求，或者环保设备不达标的企业严禁进行生产活动；对于环保措施到位、治理效果良好的企业要积极推广管理经验，从政府层面给予激励政策，并向全行业推广环保标准，树立环保先进与标杆企业，积极扶持煤化工企业的下游废弃物回收处理企业的经营发展，鼓励研发新技术、引进新设备，给予政策与资金上的帮扶，促使煤化工行业废弃物处理形成良性的、可循环的绿色处理与生产。

同时，要强化政府监管部门的职责，加大检查执法力度，对于存在严重水污染、大气污染和固体废弃物污染的企业，以及排放不达标，仍然继续生产的企业，要依法吊销生产经营许可证，严重的要责令关闭。利用法律手段，确保企业的绿色生产，创建环保节约型生态化煤化工企业。

经过近年来的煤化工生产技术的发展，从业人员环保思想认识提高，行业标准制定得越来越详细、规范，行业准入监管机制的不断完善，行业的整体发展与改变呈现向好趋势，这与国家近年来提出的清洁生产、绿色发展的理念密不可分。煤化工行业作为能源产品的深加工新型行业，也需要顺应发展需求，做出自身的改变，以适应可持续发展的大计。通过不断研发新技术、引进新装备、提高管理水平与监管水平，不断促进行业的环保型生态化绿色发展。

二、煤化工环保思路

在煤炭资源的基础上使用的煤化工技术，能够生产出我们紧缺的天然气和煤油等能源，一定程度上缓解了我国能源结构不合理的状况，也使得煤化工技术在煤炭产业链中占据了重要地位，成为能源供给的重要技术。但是随着时代的发展，如何协调能源和环境的可持续发展，是新时期我们所遇到的重要问题。也就是我们要分析的煤化工的环保思路以及工艺技术，在保证能源供应的情况下，加强对煤化工技术的创新，促进煤化工技术朝着节能减排的方向发展，使煤化工企业形成资源节约型和环境友好型的态势，不断推动煤化工行业的可持续发展。

环境友好型煤化工企业的创建首先要从源头开始，也就是要在煤化工产品生产的时候就要注重清洁标准，根据生产的实际情况严格制定清洁标准并认真实施，从源头上控制污染。其次是在生产的过程中要对生产附带的一些废气废水等污染物做好处理和控制，还要对生产中的产品进行检测，尤其是一些半成品和副产品，可以重复利用的尽量重复利用，没有价值的要进行合理的处理，既要保证产品的质量又要控制好废弃物的排放。然后就是进行污染的治理，对于煤化工排出的废物要进行处理，符合国家标准以后才能够进行排放。再就是废物的循环利用阶段，对废物进行综合处理后进行循环利用，既节约了成本又提高了经济效益。最后是环境管理，除了要对排放物和产品进行管理之外，还要加强工作人员的环境保护意识，提高大家的责任意识，树立低碳环保、节能减排的理念。

三、煤化工环保工艺技术

（一）煤炭高效洁净的利用

加强对煤化工污染控制技术的研究，对煤化工加工过程中产生的废气废水等进行有效的控制和处理，同时还要加大研发力度进行洁净煤利用技术，作为一项核心技术能够提高我国煤化工产品的技术水平。对于煤炭的转化技术要实行多样化，在不断的实践中找到最有效最节能的一种煤炭开发技术。

（二）煤焦油深度加工技术

传统煤焦油加工技术落后，产生的污染物大，而且对于煤的利用效率也不高，因此对煤焦油的加工技术的研发要进一步加深，提高我国煤焦油分离技术，如冷热流体换热、低温减压蒸馏、多级循环水、热量回收利用等，要尽快地利用到实践生产中，使技术转化成生产力。同时推动煤焦油产业向精细煤化工和医药方面转变，对产品进行深加工，提高煤焦油产业的附加值，降低生产中的能源消耗，提高废物利用技术，降低成本。

（三）加强对煤层气以及焦炉煤气的优化利用

煤层气转化技术能够提供更多的能源，如转化制甲醇或者制合成气，这些转化技术推动了煤层气的深度开发利用，有效地对环境进行了保护，对资源进行了节约利用。还有与煤层气相关的一些产品，如合成氨、合成油以及甲烷氯化物等，煤层气产品加工技术的研发有助于推动煤层气的深层次利用。

（四）强化新技术的使用

在生产的过程中，仍然会有一些企业利用原有的机械设备在进行操作，不利于资源的有效利用，因此要对这些旧的设备进行适当的改造，降低能源消耗，减少污染物的排放，加大对资源的回收力度，促进资源的循环利用。还要加强对新设备的研发，对于反应器和热交换器这样的煤化工装备技术要加快开发力度，尽早运用到生产实践当中。

煤化工产业对于我国意义重大，不仅仅是在工业上，能够生产更多更环保的工业产品，能够产生新的能源，还能为我们的生活和工作提供强有力的能源保障。但我们也要认识到，要认真对待煤化工在加工过程中给环境带来的污染，要加大对污染的整治力度，同时还要加快新型煤化工技术的研发，促进煤化工工艺技术水平的提升，增强我国能源的可持续发展能力。

第四节　煤化工企业节能环保状况评估

随着经济的快速发展，煤化工企业的节能环保备受人们的重视。为了提高煤化工企业节能减排效果，构建了一套能效评价系统。通过对相关工艺参数进行采集、归纳和整理，将实际数据录入系统，按照能耗计算，并可将其中任意数据作为变量进行优化。通用能效评价系统结构包括：流程自由组态子系统，能效计算与评价子系统；专家知识库子系统。该系统可通过流程组态模拟不同工艺过程，结合各单元模块工艺参数和能效消耗数据，自动完成物料平衡、能效、能耗、碳排放等计算，并通过专家系统进行诊断和分析，给出节能参考建议。

我国能源结构特征为“富煤、贫油、少气”，发展煤化工产业对于保障我国能源战略安全具有重要意义。传统煤化工普遍存在装置老化和技术落后等问题，具有很大的节能潜力。要使现代煤化工得到长足发展，需要提高能效水平。针对我国石油资源短缺、煤炭相对富足的现状，发展煤制油以及煤制甲醇、二甲醚等石油替代品技术，将极大改变我国能源结构的困境，不仅可以减小油品能源的对外依存度，还可以减轻对环境的污染和对石油资源的依赖。

一、通用能效评价系统结构设计

（一）通用能效评价系统结构

该系统包括3部分：一是流程自由组态子系统，该系统的作用是搭建工艺流程；二是通用能效评价系统；三是专家知识库子系统。

（二）流程自由组态

通用能效评价系统具有图形化、可视化建模功能，可以任意组合单元模块得到不同过程模型。不同单元之间可通过流线进行连接表示物理过程，形成完整工艺流程，单元和流线可以任意增加、编辑、移动和删除等。图形建模的模块库分为通用能耗计算模块、物流模块、原料边界、产品边界、断点模块、气体压缩模块。该系统可以单独输入每股物料或模块相关参数，如流量、温度、压力、低位热值、折标系数、含碳系数、碳排放因子、收率、单耗、组分、工业分析、元素分析、进料状态等数据。双击图形模型上任意流线，可以弹出对话框进行物料参数输入或修改。

（三）通用能效计算与评价

该系统具有通用单元模型库，也可以自定义单元模块，单元模型包含工艺参数及能源消耗参数等。单元模块计算类型包括物料平衡计算、收率计算、单耗计算、能耗计算、能效计算、热平衡计算和碳平衡计算。

（四）专家知识库子系统

该系统录入各行业相关指标，根据目前发布的有关标准对能效相关指标进行评价。

二、煤制烯烃案例分析

（一）流程组态及数据录入

录入相关标准，标准的选用符合相关行业的要求。有些标准、规范较为陈旧，已不能满足当前工作需求。例如，《工作指南》要求节能评估报告编制项目能源平衡表和能源平衡网络图，目前能够参考的标准为《企业能量平衡表编制方法》和《企业能源网络图绘制方法》。这两个标准是基于当时工业能源统计方法编制的，局限性较大，有许多细节性的问题没有解决，亟待依据目前统计方法、能源利用状况进行更新。

（二）能效计算与评价

结束流程组态及数据录入后，进行全厂及各模块能效计算。根据全厂计算的评判标准，所有模块逐个运行。可以设定全厂能耗、能效的扣除量，默认值 0。软件自动实现数据完整性检测、平台连接、平台运行、变量初始化、项目编译（如果项目编译失败则提示）、数据入库（整个项目的变量）、模型运行（模块内部自动进行数据的归一化处理等数值计算）、模型停止后展示每个模块（能效、能耗、碳排放）、流线（流量、碳流、热流）的数据（使用不同方式区分）。运行次数为 3，时间步长为 1000s，各流线及模块结果数据、能效、能量消耗，能耗单位为 kgce/kg，能效为百分比。在单元模块计算的基础上，自动进行全厂能耗能效计算、碳排放计算、水平衡计算、蒸气平衡计算、电力平衡计算、工艺性能指标计算等。

（三）专家诊断系统

专家系统可进行能源排序占比、水蒸气平衡图、全厂及单元产品能耗对标分析、工艺性能对标分析及专家诊断功能。在能源排序中将输入物料和耗能工质按照升序或降序排列。全厂能耗对标分析中，分析烯烃的指标，从专家系统数据库中选择乙烯和丙烯的标准数据进行比较。工艺性能对标分析，以粉煤气化比氧耗指标为例，选择气化单元产出粗煤气与输入氧气进行比值计算，自动计算比氧耗。进入专家诊断功能，选择专家诊断系统数据库中的粉煤气化比氧耗，根据得出比氧耗值，自动进行逻辑判断，得到专家建议。

能效评价系统，具有能效计算与评价、专家知识库及诊断等功能。结合各单元模块工艺参数和能效消耗数据，自动完成物料平衡、能效、能耗等计算，并通过专家系统进行诊断和分析，给出节能参考建议。该系统界面友好，操作简便，可以应用于煤制烯烃、煤直接液化、煤间接液化和煤分级炼制等过程能效分析和评价，可为煤化工过程节能减排提供指导。

第五节　煤化工企业的循环经济发展之路

煤化工行业的发展面临着巨大的考验，煤化工企业建设循环经济产业链是可持续发展的必然选择。本节介绍了煤化工企业的循环经济产业链，并依靠循环经济产业链，实现了由传统煤化工行业向电子新材料产业、光伏产业的发展，形成新兴产业链，确保煤化工企业健康、持续发展。

煤化工是指以煤炭为原材料，通过化学加工将煤炭转化为焦化、气化、液化产品的过程。该行业主要是直接以资源为原材料的行业，所以在煤化工行业的发展中也伴随着大量资源的消耗与污染，这给生态环境等带来巨大的损失与代价。

随着“十三五”的到来，煤化工行业在全球经济增长放缓和资源环境约束加强的发展形式下，面临着巨大的考验。循环经济是以资源高效利用为基础，并且建立资源节约型、环境友好型的循环经济，可以促进我国环境保护的发展。发展煤化工循环经济，是行业走出困境、迈向发展的必然选择。

一、建设循环经济产业链

某煤化工公司在发展初期就以建设煤化工循环经济产业为目标，经过近几年的不断建设发展，形成集煤炭洗选、炼焦、化产回收、焦炉煤气综合利用、焦油深加工为一体的大型综合性现代化煤焦煤化工企业，公司产业链条逐步与集团公司尼龙煤化工、盐煤化工、碳素煤化工有效链接，开发传统煤焦煤化工的新模式，建成河南省最大的煤焦化循环经济产业园。

公司目前建成的生产装备有：2 × 120 万 t/a 重介洗煤装置；2 × 60 孔 7.63 m 顶装焦炉和 2 × 60 孔 4350D 型宽体捣固焦炉，年产冶金焦 300 万 t；10 万 t 甲醇装置，20 万 t

二甲醚装置；10 万 t 苯加氢装置；30 万 t 焦油深加工装置；5 亿 m^3/a 焦炉煤气制氢装置；3×125 t/h 干熄焦装置，配套 5 万 kW·h 发电机组；600 t/a 的 ZSN 法高纯硅烷生产装置；1.2 亿块新型煤矸石制砖装置。

公司发挥自身优势，坚持生态经营理念，打造循环经济企业，着力引进先进设备、先进工艺、先进技术，在循环经济型企业上做文章，做到从原材料入厂到产品销售环节无废物，保证原料吃干榨净。

（一）物料循环利用产业链

某煤化工依托平煤集团原煤矿点的地理资源优势，通过自身进行原煤洗选加工利用，减少运输成本，产出的洗精煤进入炼焦配煤输送系统；中煤、煤泥进入燃煤锅炉发电系统；煤矸石进入矸石厂进行煤矸石制砖。

从焦炉产生的焦炉煤气首先经焦油回收、粗苯回收系统后进行脱硫，脱硫后煤气进入煤气制氢装置，通过变温、变压吸附等物理方法提纯氢气，提纯后的氢气主要通过管道输送给集团尼龙煤化工厂利用，有部分氢气输送给厂区苯加氢和硅烷生产系统利用，而制氢剩余驰放气进入 10 万 t 甲醇合成转化生产系统制甲醇。

炼焦产出的煤气经过化产回收系统生产粗苯、硫铵，硫铵直接外售，粗苯收集后直接进入苯加氢装置，生产精苯作为原料销售；焦油直接进入煤焦油深加工系统，生产煤焦油沥青、蒽油、洗油等产品，煤焦油沥青进一步深加工成针状焦和超高功率石墨电极材料；利用制氢驰放气生产的粗甲醇直接进入二甲醚系统生产二甲醚外售。

（二）循环经济产业布局

某煤化工是平煤集团重点打造的“资源节约型、环境友好型”企业。在企业布局上，某煤化工紧跟集团公司循环经济的战略方针，实施产业转型、升级，从传统行业到高新行业推进，实现了由煤化工到尼龙煤化工以及碳素行业的产业链。某煤化工通过焦炉煤气制氢、粗苯精制、焦油深加工、高纯硅烷气等项目，实现了与集团公司煤炭板块、尼龙煤化工板块、碳素新材料板块、光伏新能源板块的有效链接，使某煤化工成为集团公司产业布局中的重要节点。

某煤化工在集团公司的正确引导下，下一阶段准备在煤气综合利用和焦油深加工上进行下游产业链条延伸。某煤化工近期准备建焦粒造气装置，联产甲醇装置，可以生成甲醇也可以生产 SNG，SNG 进网销售；焦油深加工方面不再仅仅单一生产沥青、蒽油、萘、洗油等初级产品，下阶段准备产出新产品，如纺丝沥青、碳微球、筑路雾封沥青、咔唑等，蒽油进行深加工制精蒽、工业萘进行深加工制精萘等，实现公司与平煤集团尼龙煤化工和碳素行业原料、产品循环利用的产业布局。

二、开发高纯硅烷电子气体，进军新领域

某煤化工在集团公司转型发展的理念下，大力拓展产业链，在对公司核心优势煤化工产业升级改造的同时，不断加大科研投入，促进产业转型，开发高纯硅烷电子气体，进军电子工业领域。

某煤化工与上海交通大学合作研发新型高纯硅烷气生产技术，目前已建成600 t/a硅烷气项目投产运行成功，实现了有效低成本稳定生产的高纯硅烷气生产工艺。该工艺以工业硅粉、氢气和四氯化硅为原料，经过气化、精馏生成中间体三氯氢硅，通过歧化反应生产硅烷；副产的四氯化硅返回前端循环使用。该研发路线，无其他污染物生成，是一条清洁环保的绿色生产路线。

该项目的成功建设使公司从传统煤化工行业，实现了向新材料产业的转型。产业转型的实现，就是依靠公司对煤化工循环经济的建设，使从原煤为原料，从焦炉煤气中提取氢气，用于高纯硅烷气的生产，打通了原煤到高纯硅烷气的产业链，实现了公司向电子新材料行业的迈进。

三、延伸企业产业链，进军电子新材料行业

某煤化工“高纯硅烷气的新型关键技术研究”项目作为公司产业转型的标杆，现已取得了丰硕的成果。公司依托高纯硅烷，延伸企业产业链，提高硅烷产品附加值，进行多晶硅的生产研究，积极向新领域进军，也是集团公司实现产业的战略转移，向新能源发展的一个核心产业，对集团的长期、稳定、健康以及跨越式发展具有重要的战略意义。电子级多晶硅项目的建设是响应国家的战略方针，顺应我国信息产业和新能源产业发展的总体方向，为我国信息产业和光伏新能源产业的健康和快速发展提供必要的技术支撑，也将填补我国在高纯多晶硅方面的空白，改变多晶硅行业的产业结构，为国防军工和广大人民群众提供必需的信息材料，具有重大的战略和现实意义[2]。

某煤化工公司多晶硅项目以公司自产高纯硅烷气为原料，通过与科研院所合作，采用钟罩式CVD法开发生产电子级多晶硅；采用流化床法、多晶铸锭法开发生产廉价太阳能级多晶硅，实现多品种多晶硅技术研究。该项目不仅实现了国内电子级（区熔级）多晶硅的生产技术空白，彻底打破了国外在半导体、芯片基础材料上对我国的垄断，也将为电子、光伏行业提供廉价、高质量的光伏硅材料，降低太阳能发电的成本，为我国

2 李久萌，乐清华，徐菊美，等.湿式催化氧化处理乙烯废碱液[J].化工进展，2011，30（s1）：898-901.

能源结构的改变以及环保做出贡献。同时某煤化工多晶硅项目也是集团公司产业结构调整及转型升级进军高科技、新领域的第一站，最终将推动某煤化工公司发展成为在新能源行业处于领军地位的高科技公司。

四、迈向光伏产业，形成新兴产业链

在完成由煤化工向电子新材料转型的同时，某煤化工公司大力发展高纯硅烷的下游产业链。与国内光伏产业集团隆基硅材料股份有限公司投资 60 亿元合作建立 4 GW 高效单晶硅电池片项目，实现煤化工—高纯硅烷—多晶硅—单晶硅电池片新兴产业链，迈向光伏产业。

高效单晶硅电池片项目工艺设备生产线采用国际领先技术全自动化装备，注重其先进性、可靠性、经济性，选用性价比较高的设备，并注意选用能耗、物耗低的设备，以达到节约能源、降低物耗的效果，使产品的质量和技术性能得到可靠的保障，满足生产需要。其设备主要来自美国、德国、瑞士、意大利等国际一线设备制造商。制造工艺路线采用单晶硅电池片行业最新 PERC 工艺，通过钝化、镀膜、印刷等工艺实现最大化 P-N 极间的电势差，从而提高电池片转化效率，可使单晶硅电池片转换效率达到 21% 以上，优于光伏制造行业国家“领跑者”计划中的效能标准。

该项目的建设，使某煤化工打通了煤化工到新材料再到光伏行业的新兴产业链，把企业从传统能源消耗型煤化工企业，通过建设循环经济产业链，拓展新兴产业，实现公司多元化发展。

某焦化公司坚持以科技创新为原则，走生态经营理念，将以煤焦煤化工为核心，发展循环经济，开发高纯硅烷电子气体、电子级多晶硅，进军光伏领域，促进产业转型，对接集团产业规划，形成煤基尼龙煤化工、煤基盐煤化工、煤基电子 / 新材料、煤基碳素 / 碳纤维四大产业链，做到原料入厂后“吃干榨净”，全部转化为产品，能量回收利用，实现经济效益和社会效益的双赢。

第三章　煤化工废水、噪声处理技术

第一节　煤化工废水处理技术研究与进展

煤炭在我国能源结构中处于主导地位，占一次能源比重达到70%以上，是我国能源安全的重要保障。新型煤化工技术作为洁净和高效利用煤炭的先进方法成为我国能源领域研究的热点和发展的重点，该技术不仅能够解决我国煤炭资源因地理分布和消费空间不均衡带来的运输制约问题，更可作为清洁原材料用以化学合成，如煤制油、煤制烯烃、煤制二甲醚、煤制天然气、煤制乙二醇等，促进我国煤炭资源向清洁能源的产业升级。

煤化工过程需要大量生产用水，用于煤气发生炉的煤气洗涤、冷凝以及净化，该过程产生大量的废水，该废水含有高浓度的污染物，水质成分复杂，主要以酚类化合物为主，同时含有大量的长链烷烃类、芳香烃类、杂环类化合物、氨氮、氰等有毒和有害物质，水质可生化性差，具有很强的微生物抑制性，是一种典型的高浓度难生物降解的工业废水。同时，煤化工企业的正常运行不仅需要足够的新鲜水资源，也需要有环境容量足够大的纳污水体。然而，现代煤化工项目开发重点在煤炭资源丰富的西北及华北地区，这些区域水资源匮乏，占有量不到全国总量的20%，水环境容量不足，甚至缺乏纳污水体，煤化工产业的兴起将会导致该区域地下水的过度开采和严重污染。针对煤化工企业的发展与当地环境污染之间出现的严重矛盾，国家对新建煤化工项目的用水和水污染物的排放提出了严格的要求，处理后废水回用率达到95%以上，基本实现“零排放”。然而，常规的废水处理工艺无法获得满意的出水水质，水污染问题已成为制约煤化工产业发展的瓶颈。因此，通过研发提高废水可生化性的关键技术，缓解有毒和难降解物质对微生物的抑制作用，以较低的成本对煤化工废水进行深度处理，最终实现废水中污染物的大幅削减和水资源的重复利用已经成为煤化工企业可持续发展的自身需求和外在环保要求。

目前，单一的水处理工艺具有严重的局限性，不能有效地解决该类废水治理的问题，往往需要根据工艺特性进行灵活组合和优化，互相弥补技术缺陷，最终实现废水循环回用和“零排放”。因此，根据处理工艺组合的角度和各自技术特点将其归纳为分离技术、生物技术和高级氧化技术。

一、分离技术

分离技术是通过一定的物理和化学手段将煤化工废水中高浓度的污染物或者有利用价值的物质进行分离和回收，这样的处理不但可以减少后续生物工艺中污染物对活性污泥的毒性抑制，而且还可以进行资源的重新利用，降低水处理成本。

（一）脱酚和蒸氨组合工艺

目前普遍采用溶剂萃取脱酚和蒸氨组合工艺对煤化工废水进行预处理，回收所含有的高浓度酚和氨。例如，中煤龙化哈尔滨煤化工有限公司改良了脱酚工艺，实现了脱酸脱氨后 pH 降到偏中性水平，有利于萃取脱酚工艺的优化运行，筛选甲基异丁基酮作为脱酚萃取剂。该工艺对单元酚和多元酚分配系数均大于二异丙醚，可以使总酚的萃取效率提高至 90% 以上，出水总酚质量浓度降至 400 mg/L 以下，但是该工艺具有技术不稳定性，增加了有毒物质抑制后续生物工艺的风险。同时，该公司采用蒸氨塔进行水蒸气汽提 - 蒸氨工艺，将氨氮去除率提高到 90% 以上。

（二）除油技术

预处理后的煤化工废水，总酚和氨氮浓度大幅减少，但仍存在一定浓度的油（生物工艺进水要求油＜ 50 mg/L），阻碍氧气在废水中溶解，影响生物工艺对污染物的去除。除油最常用的技术是气浮分离，在该过程中可以投加絮凝剂起到破乳和絮凝的作用，其除油效果明显优于混凝沉淀。但是，采用空气气浮除油过程中，曝气过程会产生大量的泡沫，生成较多环戊烯酮、其他杂环芳香族碳氢化合物和苯系物的衍生物，降低了废水的可生化性。使用氮气气浮除油是更为安全可行的新型除油工艺，在中煤集团鄂尔多斯能源煤化工有限公司煤化工废水处理现场使用，取得了良好的效果。

（三）混凝和吸附技术

混凝和吸附技术常用于煤化工废水的深度处理工艺，赵庆良等人采用了 4 种混凝药剂 [$Al_2(SO_4)_3$、PAC、PFS、$FeCl_3$] 深度处理该类废水并进行经济分析，认为混凝剂 PFS 处理成本最低。同时，崔晓君等人研究了粉末活性炭吸附处理焦化废水的效果，pH 为 6，投加量为 20 g/L，吸附 1 h 后，COD 去除率能达到 98.5%。此外，为了降低吸附剂的成本，大量固体废弃物被用于废水吸附，刘心中等人通过粉煤灰吸附焦化生化出水，结果表明，除氨氮外，其余指标均达到国家城镇污水排放一级标准。混凝和吸附技术能有效地去除煤化工废水污染物，但存在再生和二次污染等问题，而且长期运行成本过高。

（四）膜处理技术

近年来，膜处理技术在废水处理领域得到广泛应用，其中针对煤化工废水的研究和应用主要是膜生物反应器（MBR）和滤膜。韩超等以臭氧预氧化后的煤气废水作为MBR进水，出水水质达到了回用水的标准。同时，一些改良技术促进了该工艺的实际应用，如S.Y.Jia等人在MBR内投加粉末活性炭提高污泥浓度处理煤制气废水，取得了高效的污染物去除效果，而且活性炭的投加减少了跨膜压力，有效地缓解了膜堵塞。同时，煤化工废水深度处理工艺的最后一段通常采用双膜法，即超滤结合反渗透工艺，废水可以实现60%以上的回用，剩余30%～40%的浓盐水进入浓盐水站，经过高效反渗透结合多效蒸发工艺，废水回收率在95%以上，基本实现废水“零排放”。但是双膜技术仍处在初级应用阶段，更多的是引进国外的成熟技术，存在自主研发的技术难题和缺乏工程应用的经验。

二、生物技术

预处理后的煤化工废水含有大量的可生物降解有机物，采用生物技术是最为经济高效的处理方法。然而，由于该废水中有机物成分复杂且具有大量有毒和难降解物质，不利于微生物的生长，也降低了生物工艺去除污染物的性能，导致出水水质难以达到国家排放标准，对受纳水体产生严重危害。因此，大量新颖的生物改良工艺及其组合被广泛用于煤化工废水的研究，为其“零排放”目标的实现提供了技术和理论基础。

（一）厌氧生物处理工艺

常规的厌氧工艺处理煤化工废水存在反应器启动困难、处理效能低等问题，往往依赖于活性炭吸附或者稀释的方法才能正常运行。但是，活性炭存在易饱和、再生和更换操作复杂等困难，而稀释无疑增加了处理水量和运行成本，更会造成有毒和难降解物质在反应器内的不断积累，负面影响了厌氧处理效果。近些年研究发现，厌氧微生物在共代谢基质存在条件下能够强化其分解有毒和难降解有机物的能力。W.Wang等人研究了甲醇共基质（甲醇500mg/L）和粉末活性炭（1.0 g/L）强化厌氧工艺处理煤制气废水中酚类化合物的效能，结果表明，两种处理方式分别将酚类化合物的去除率由30%～40%提高至73%～75%，而且显著改善了废水的好氧生化性能，该研究认为稀释进水或者延长停留时间难以显著提高厌氧工艺处理煤化工废水的效果。S.Y.Jia等人采用大比例回流改良厌氧工艺处理煤化工废水，污染物的去除效果显著提高，同时厌氧污泥的微生物群落结构也被改变。实际上，厌氧工艺对COD和氨氮去除能力有限，但是废水经厌氧处理后形成大量易生物降解的小分子有机物，可以显著提高废水可生化性和好氧降解性，这对于组合工艺的高效处理性能具有更重要的意义。

（二）好氧生物处理工艺

煤化工废水经过厌氧处理后出水含有高浓度的污染物，同时也具有较好的可生化性，通常采用好氧活性污泥工艺进一步处理。针对传统活性污泥法处理效率低的缺点，可以通过人工投加或固定驯化特殊微生物，高效去除废水中特定的有毒或难降解有机物，提高原有工艺处理性能。Y.S.Liu 等人在中煤龙化哈尔滨煤化工有限公司废水生物处理工艺现场二沉池的底泥中分离出 4 株长链烷烃降解菌，富集培养后投加到生物移动床（MBBR）工艺处理煤制气废水，高效菌的投加缩短反应器启动时间，有效地提高了长链烷烃及废水 COD 的去除效果。目前，哈尔滨工业大学的韩洪军教授课题组已经将分离出来的酚降解菌制备出菌剂投加至煤制气废水生物处理工程，显著地提高了原工艺对酚类物质的降解效能，但是，其长期处理效果仍需进一步研究。同时，好氧生物膜采用投加载体填料促进活性污泥中微生物固着生长，其微生物浓度是传统污泥法的几倍，拥有更为复杂的生物系统、更强的抗冲击负荷能力，适合处理含有大量有毒和难生物降解物质的煤制气废水。H.Q.Li 等人采用 MBBR 处理煤制气废水，水力停留 48 h 后，出水 COD、总酚、氨氮去除率分别达到了 81%、89%、94%，该研究认为固着的生物膜比悬浮活性污泥具有更好的抗冲击能力和有机物降解效能。同时，好氧生物膜工艺不仅可以作为废水处理的二级工艺，也常用于废水的深度处理。中煤龙化哈尔滨煤化工有限公司采用曝气生物滤池对二级处理出水进行深度处理，最终出水中 COD 和氨氮均达到国家排放标准，且系统运行稳定。因此，多级好氧生物技术可以通过控制溶解氧浓度营造出不同的功能区域进行协同作用，使其具有良好的实际工程应用价值。

三、高级氧化技术

该技术是利用化学或者物理方法在液相产生强氧化自由基，主要是羟基自由基，将有机物直接矿化或者转化为小分子产物，具有氧化彻底、无二次污染、停留时间短、易于实现自动化操作等优势，在水处理领域被广泛应用。而且，该技术还可以有效地提高废水的可生化性，强化有毒和难降解有机物的去除效能，有利于后续生物工艺的处理。考虑到煤化工废水水质复杂、有机物浓度高、不利于氧化过程进行以及处理成本过高等问题，该技术往往用于深度处理工艺。目前，多种高级氧化技术在煤化工废水处理过程中被广泛地研究，其中 Fenton 氧化和臭氧高级氧化因其操作简单、反应温和、氧化能力强成为研究的热点和应用的重点。

（一）Fenton 氧化技术

Fenton 氧化的原理是 Fe2+ 作为过氧化氢的催化剂，在酸性条件下（pH 为 2 ~ 4），产生羟基自由基等氧化基团对水中污染物进行氧化降解。该技术具有设备简单、技术灵活且高效廉价等特点，是较为常见的高级氧化技术。张娴娴等人采用 Fenton 工艺对焦化废水进行预处理试验，在最佳试验条件下，该技术对废水 COD 和酚的去除率分别达到 88.1% 和 89.5%。赵晓亮等考察了 Fenton 氧化技术深度处理焦化废水的效果，结果表明出水色度和 COD 均满足国家环保要求。同时，Fenton 氧化技术与其他技术联合使用，如微波、混凝等，可达到提高处理效果和降低能耗的目的。朱凌峰等人采用微波条件下的 Fenton 方法处理含酚废水，废水 COD 和挥发酚去除率分别超过 81% 和 99%。但是，传统的 Fenton 技术存在过氧化氢利用率低、适用 pH 范围狭窄和出水中含高浓度铁离子以及产生含铁污泥污染等问题，严重限制了该技术的广泛使用。因此，许多 Fenton 的改良技术被深入研究，如光 -Fenton、电 -Fenton、非均相 Fenton 等。陈颖敏等人应用三维电极 - 电 Fenton 试剂法处理含酚废水，基于电解过程中产生的羟基自由基的强氧化能力，将废水中酚电解直至完全去除。而光 -Fenton 系统中光的传质容易受到水中色度和悬浮物的影响，工业应用需要预先去除色度等干扰因子，不利于其在煤化工废水的工程应用。非均相 Fenton 是通过 Fe^{3+} 负载于载体上，作为催化剂提高过氧化氢产生自由基的数量，强化对废水污染物的去除效能。该催化剂易于制备和分离，生物兼容性好，不需要严格控制 pH，可重复回收使用，经济高效且不存在二次污染。其催化剂载体一般是多孔的固体，如活性炭、活性炭纤维、沸石、树脂等，利用吸附和催化协同作用处理废水中污染物。

W.Wang 等人将纳米级的 Fe_3O_4 负载于水凝胶，通过控制 pH 探针调节 Fe_3O_4 的释放，催化过氧化氢处理水中酚类物质，取得了高效的氧化效果，而且催化剂具有长期催化活性。然而，许多高效的非均相 Fenton 催化剂都具有制备工艺复杂、生产费用偏高的缺陷，很难进行工业化的应用。因此，有学者采用低成本的废水生物处理工艺剩余污泥制备活性炭负载金属氧化物作为非均相 Fenton 的催化剂，取得了良好的处理效果，该研究认为催化机理是由于污泥中存在多种的金属氧化物的协助作用。目前，这类实用型催化剂的研究主要集中于水中纯物质的 Fenton 氧化，对煤制气废水的处理效果尚未见报道，可以预见性能高效、价格低廉且制备简单的催化剂研制将会是该技术投入工程应用的关键。

（二）臭氧高级氧化技术

该技术是在臭氧氧化过程中利用溶液碱性（pH ＞ 5）、金属离子、固态金属、金属氧化物或负载在载体上金属或金属氧化物以及矿物质等促进臭氧分子的分解，以产生更多强氧化性的自由基，提高臭氧氧化有机物的性能。虽然碱性环境有利于臭氧产生羟基自由基，但是pH对臭氧化性能的影响复杂，高碱性环境有可能存在碳酸根或重碳酸根捕获羟基自由基，从而抑制或中断链式氧化反应。在同等条件下，羟基自由基的非选择性可能会降低体系对某些特征污染物的去除效率，碱性条件下臭氧化含酚废水COD的去除率更高，但酸性条件对其降解酚类化合物没有显著影响。另一方面，许多组合工艺可以增强臭氧氧化能力，刘金泉等人采用H_2O_2/O_3和UV/O_3深度处理焦化废水，相对于单独臭氧氧化，两种组合工艺对COD去除率均有一定程度的提高，但是，H_2O_2/O_3系统的处理效果取决于H_2O_2的投加量，弱化了臭氧的氧化作用，紫外线传播易受水中色度的干扰，缺少实用性。催化臭氧氧化技术通过催化剂的使用克服了传统臭氧的缺陷，具有极强的氧化能力，可以完全地矿化有机物，且不会产生二次污染等问题，成为研究的热点领域，也更适用于废水处理的工程化应用。针对催化剂在水中存在的形式，将其分为均相催化和非均相催化臭氧氧化技术。常用的均相催化剂一般为过渡金属离子Fe^{2+}、Mn^{2+}、Ni^{2+}、Co^{2+}、Cd^{2+}、Cu^{2+}、Ag^{+}、Cr^{3+}等。该技术的可能机理是过渡金属离子促进臭氧分解产生羟基自由基或者与有机物分子形成更易参与反应的络合物，从而被臭氧分子直接氧化。然而，催化剂易流失和引入金属离子污染等问题限制了其在水处理工程中的应用。同时，非均相催化臭氧化技术是通过固体催化剂来提高臭氧氧化水中污染物的性能，催化剂易于分离，不会产生二次污染，更适用于煤制气废水的深度处理。韩洪军等人通过负载过渡金属铜和锰的活性炭作为催化剂提高臭氧降解煤化工废水污染物性能，结果表明处理后出水COD和氨氮达到城镇污水处理厂污染物排放一级B标准，废水可生化性明显提高。然而，催化剂的活性易受水质和反应条件等因素的影响，甚至同一种催化剂在处理不同类型废水时也具有不同的处理能力。因此，实际工程中关于非均相臭氧催化技术应用的报道较少，研发低成本和高效性能的催化剂是该技术能够工程化应用的关键。

（三）电化学催化氧化技术

该技术是通过具有催化性能的金属氧化物电极，产生具有强氧化能力的羟基自由基或其他自由基攻击溶液中的有机污染物，使其完全分解为无害的H_2O和CO_2。吕贵芬等人通过气凝胶粒子电极处理苯酚废水，COD去除率最高可达97.5%，循环50次后，其对COD去除率仍在80%以上。X.Zhu等人采用硼掺杂金刚石电极电化学氧化焦化废水生化出水，短时间内水中有机物完全矿化，性能好于SnO_2和PbO_2电极。目前，该技术的研究多集中在电催化机理的研究、电极材料的开发研制，设计出高效合理的反应器，延长电极的使用寿命也是将其工业化应用所必须解决的问题[3]。

（四）湿式氧化法

该技术是在高温（150℃ ~ 350℃）、高压（5 ~ 20 MPa）条件下，利用氧气或空气作为氧化剂，氧化水中溶解态或悬浮态的有机物或还原态无机物的水处理技术，具有处理效率高、不易产生二次污染的优势，但也存在处理成本高、设备要求高和投资高等缺陷，往往只作为高浓度有毒和难降解物质的工业废水预处理技术。该技术能够降低废水COD和提高其可生化性，然后再用后续生物法处理，降低能耗。唐受印等人采用该技术处理高浓度含酚废水，在氧分压和温度分别为0.7 ~ 5 MPa和150℃ ~ 250℃时，酚分解率为86% ~ 99%。陈拥军等人在湿式氧化苯酚废水过程中投加活性炭作为催化剂，弱化了温度对该技术的限制。

（五）超临界水氧化法

超临界水氧化的原理是在高温（> 374℃）、高压（> 22.1 MPa）环境下，将作为溶剂的水处于超临界状态，以氧分子作为氧化剂氧化水中有机物的方法。Y.Wang等人采用Mn_2O_3、Co_2O_3和CuO作为催化剂提高超临界水氧化煤制气废水的效能，结果表明，在温度为380℃ ~ 460℃，氧气比率为1.5 ~ 3.5条件下，处理后出水达到国家城镇污水排放一级A标准，其中Co_2O_3的催化活性最强，金属离子析出较少。

综上所述，对煤化工废水的处理技术中存在的问题进行解析。首先，厌氧工艺能够减少该废水中难降解有机物和改善废水可生化性，然而该工艺启动困难，需要较长的处理时间且效能偏低，后续联合多级好氧工艺才能实现COD和氨氮同时高效的降解。但是，废水存在大量硝化抑制物，如酚类、氮杂环类和长链芳烃等，在生物处理工艺中硝化菌的活性往往受到强烈的抑制作用，直接影响了好氧池内的硝化效能。同时，废水较低的可生化性导致可供反硝化菌利用的底物浓度有限，缺乏反硝化碳源，抑制了反硝化脱氮效能，最终导致氨氮和总氮的去除效果不理想，生化处理出水水质难以达到高效反渗透工艺的进水要求（进水氨氮不超过25 mg/L），负面影响了该废水“零排放”目标的实现。其次，高级氧化技术作为废水的深度处理工艺可以有效地去除有毒和难降解有机物，提高废水的可生化性。但是，较高的投入和运行费用负面影响了其工业应用。同时，高级氧化技术很难有效地去除总氮，甚至还会增加出水氨氮的浓度，生物工艺才是最为经济高效的脱氮技术。因此，研发提高煤化工废水可生化性的关键技术，去除有毒和难降解污染物，缓解废水毒性对微生物的抑制作用，以利于发挥生物脱氮的技术优势，以较低的成本对煤制气废水进行高效的深度处理，进而提高出水水质，满足高效反渗透工

3　俞三传，高从堦，张慧．纳滤膜技术和微污染水处理[J]. 水处理技术，2005，31（9）：6-9.

艺进水要求，是实现该废水“零排放”目标的有效途径。

未来发展趋势：第一，研发性能高效、价格低廉的高级氧化技术的催化剂，促进该技术的工业化应用，有效地缓解煤化工废水对生物工艺的毒性抑制作用。第二，研发高效生物脱氮技术，在煤化工废水低碳氮比水质的条件下，实现总氮的高效去除，满足后续膜处理工艺的进水要求。第三，结合各种处理技术的优势，形成高效、稳定、低廉的组合处理工艺，是促进煤化工废水“零排放”目标实现的有效途径。

第二节　煤化工过程中化学污染废水处理

当前，我国经济快速发展，能源需求持续增加，石油和煤化工行业发展前景较好。但是，煤化工行业存在的问题较多，尤其是会产生大量化学污染废水，其处理技术就显得格外重要。因此，本节分析了煤化工过程中产生的废水来源及特点，论述了处理化学污染废水的重要性，并研究了化学污染废水处理技术。主要目的是改进化学污染废水处理技术，提高煤化工生产水平，促进煤化工行业更快更好的发展。

石油和煤化工行业是我国的经济支柱行业之一，近年来，化学工业特别是煤化工产业发展非常迅速，煤化工采用化学工艺进行产品的加工生产，但在生产加工的过程中会产生大量废水，如果不妥善处理，会造成自然资源的污染，会严重破坏环境。因此，改进化学污染废水处理技术成为煤化工企业的一项重要任务。

一、煤化工过程中产生的废水来源及特点

煤化工将煤炭作为原材料，采用一系列化学手段进行加工处理。在煤炭加工成液体燃料、固体燃料或者化学产品的整个环节中，有很多化学工序会出现大量废水，即化学污染废水，这些废水含有强烈的毒性或者腐蚀性，焦油、硫化物以及其他物质都具有污染性。化学污染废水的特点有三:一是不会被降解,这些物质具有稳定的结构,难以降解。二是体量大、浑浊程度高，各个工序生产都会产生废水，最终融汇到一起时，废水的体积特别大、颜色特别深。三是废水成分复杂，各个工序产生的废水成分都不一样，导致处理起来比较困难。

二、处理煤化工化学污染废水的重要性

随着煤化工行业的发展，废水的种类和体量不断增加，这不仅会污染水资源，还会

危害人类健康和安全。化学污染废水比城市污水的处理更为紧要。化学污染废水的成分非常复杂，处理难度高，成本也高，需要制定一套综合防治措施。可以将有毒原料换成无毒的，降低有毒废水的数量。使用科学的操作流程和设备，以降低有毒原料的使用。重金属废水、放射性废水以及很难生物降解的有机毒物废水，要与其他废水分开，进行单独处理，采用封闭循环系统。同时，工厂可以进行适当处理，合格后再排入下水道，污染较轻的废水可以过滤后循环利用，这样能够节约水资源。

三、煤化工化学污染废水处理技术

（一）预废水处理技术

1. 气泡浮法

气泡浮法，主要是去除和回收油性物质，让化学污染废水产生气泡，使油性物质粘在小气泡上，再通过一定的方法把气泡都排出去，从而将油性颗粒分离出来。利用气泡浮法能够有效分出悬浮物，对于剩下的浮渣可以过滤再次利用，但需要注意的是气泡浮法不是万能的，其只能处理油性物质，还需要综合运用其他方法。

2. 混凝沉淀法

这种方法用来处理废水中的有机物，通过重力让废水中的悬浮物与液体分离，在化学废水中加入铁盐、聚铁、铝盐以及聚铝等混凝剂，达到有机物沉淀的效果，在选择混凝沉淀法时要分析化学废水的成分，根据酸碱度的指数来决定混凝剂的配量和种类。混凝沉淀法操作简单、成本较低，可以大面积进行处理，但对于COD（化学需氧量）没什么作用。

3. MPA 化学沉淀

这种方法能够有效清除废水中的氮和氨，废水中含有磷酸铵镁或者磷酸铵锌等难以溶解的物质，需要加入一些能使氮和氨沉淀的物质，如磷酸氢二钠、氯化镁，沉淀物质的英文简写为MAP，因此这种方式叫作MAP沉淀法。这种方法的工序流程比较简单，效果也比较明显，不会被毒素和温度干扰，去除彻底，不会发生后续污染。

4. 萃取溶解法

萃取溶解法，主要是将废水中的酚成分通过萃取溶解进行脱离回收，酚成分在水中溶解难度大于一些溶剂，这是利用萃取溶解方法的依据，把特定的萃取剂加入化学污染废水中，通过萃取设备进行蒸馏把酚成分与溶剂分离，这样可以循环使用萃取剂，同时达到分离酚的目的。

（二）生化处理技术

1. 序列间歇式活性污泥法（SBR 工艺）

SBR 工艺主要包含五个操作流程：注水、化学反应、沉淀、排出污水、闲置等。该工艺具有降解生物、沉淀、化学反应和终沉等功能，运用高端设备智能实施，而且不用构建污水泥沙回流体系，SBR 工艺有非常好的化学反应功能以及废水处理功能，可以不受外界因素的干扰。

2. 固定化生物方法

这项技术可以对化学污染废水中的难降解的毒性物质进行有效处理，是一种新研发的处理废水技术，在固定某种生物时有选择性和针对性。固定化生物方法可以提高微生物的细胞纯度和细胞浓度，促进优势菌种保持生命力，而且污泥产量少。

3. 低氧好氧技术（A_2O 工艺）

低氧好氧技术对煤化工废水的有机物和氨氮处理具有明显的效果，它是对厌氧好氧工艺法（AO 工艺）进行改良的处理方法，主要是在缺氧池之前增加了一个厌氧池。

（三）深层次处理技术

1. 活性炭处理技术

活性炭是一种吸附性较强的多孔黑色炭，在煤化工加工中经常用作吸附剂。这种方法也叫活性炭吸附法，充分利用其吸附性质来对化学污染废水进行深层次处理，活性炭表面的内酯、羟基等物质具有很好的去除效果，在酸碱度为 6 的废水中放进 1 g 的活性炭就会起到几乎全部去除的效果。

2. 湿度催化氧化技术

湿度催化氧化技术，主要是对化学污染废水进行氧化，但要在高温高压的环境下进行，将化学工业废水转化成氮气、CO_2 以及 H_2O 等无毒无害物质。湿度催化氧化技术一般用于难以溶解、有毒物质和高浓度的化学废水处理，这种技术操作简便、实用性强、效率快、用途多，但投入的成本会比其他技术多，而且要求严格。

3. 臭氧氧化技术

臭氧氧化技术的操作流程是将废水的酚成分分离，然后对酸碱度进行调节，之后通过氧化器把臭氧和废水一起氧化。臭氧氧化技术具有用时短、反应快以及不留残留物等优势，要注意臭氧不方便存储，应当及时使用；另外，臭氧的量不好控制，对于水体性质适应性较弱，而且耗费多、成本高。

本节主要阐述了煤化工过程中产生的废水来源及特点，阐述了处理煤化工化学污染废水的重要性，并分析了化学污染废水处理技术。预废水处理技术、生化处理技术、深层次处理技术是三种代表性的处理技术，它们包含很多分项处理技术。人们要综合运用各种污水处理技术，处理好化学污染废水，从而保护生态环境，实现人与自然的和谐发展。

第三节　煤化工废水深度处理过程中的膜技术

我国富煤、缺油、少气的资源特点决定了煤炭在我国能源结构中的重要作用，而煤化工是我国利用煤炭的重要途径。煤化工厂大多分布在临近煤矿采集区，这些地区大多处于西部缺水地区，水资源匮乏，而煤化工产业本身具有“高耗水”的特点，因此，煤化工废水的深度处理和回用就显得格外重要。本节主要研究了煤化工中的焦化废水、半焦废水和气化废水三种工业废水深度处理过程中常用的膜分离技术，结合工程应用列举各种技术的特点，为将来更深入地研究煤化工废水的深度处理技术起铺垫作用。

作为我国最主要的工业能源，煤炭在我国的能源结构中占据无可比拟的地位。相较于煤炭直接燃烧获取能量，以煤进行化学工程处理，将煤通过各种化学方法使其转变成气体、液体、固体燃料及其他化学品能够提高煤的利用率，同时避免了煤炭燃烧过程中产生的环境污染问题。

然而，煤化工中巨大的水消耗量和废水产量逐渐成为制约煤化工产业发展的瓶颈。同时，煤化工废水中含有大量的高浓度难生物降解的有机污染物，其水质可生化性差，处理难度极大。国家对煤化工项目的废水排放标准高，要求废水回用率在95%以上，并最终达到“零排放”目标。因此提高煤化工废水中的污染物处理效果成为我国目前煤化工废水领域的重中之重。将煤化工废水进行深度处理并回收利用能够同时满足煤化工废水零排放的国家要求，并降低煤化工行业的水资源利用量，促进煤化工行业的绿色发展。煤化工废水的深度处理技术包括高级氧化法、混凝沉淀法、吸附法、生化法和膜处理法等，其中膜处理技术不仅可以去除水中的有机物，还可以去除水中的硬度和盐分，因此最具发展潜力。

一、焦化废水深度处理中膜技术的应用

焦化废水主要来自焦炉煤气初冷和焦化生产过程中的蒸汽冷凝废水及生产用水，是一种非常典型的工业有机废水，其水质成分复杂、污染物含量高，不仅包括大量的酚类、联苯等难降解有机污染物，还含有氰、氟、氯代苯等有毒有害的毒性物质，极大地影响了生化处理效果，处理难度较大。目前焦化废水的处理一般采用三级水处理的方式，即

先进行预处理回收部分污染物，再进行生化处理对污染物进行初步消解，最后进行深度处理和回收利用。膜处理技术由于其出水水质高、操作方便、占地面积小、能耗低的特点，主要应用于焦化废水深度处理。

常用的膜分离技术包括微滤、超滤、纳滤和反渗透法等，基于目前国内的技术水平，常用于处理焦化废水的技术主要分为两类，一类仅利用膜分离技术对焦化废水进行深度处理，即全膜法深度处理反渗透废水；另一类是将膜分离技术和其他深度处理技术结合使用的组合分离技术深度处理。

（一）全膜法深度处理

砂滤产水经过自清洗过滤器进入超滤设备去除胶体等污染物，在超滤产水的同时投加还原剂、阻垢剂、非氧化性杀菌剂，经过泵增压进入纳滤系统去除硬度、二价盐离子等污染物，最后进入反渗透系统进一步去除离子等污染物，反渗透产水进入回用水池待用[4]。

“超滤 + 纳滤 + 反渗透”法适合用于 COD、硬度、含盐量比较高的生化处理出水的深度处理。在整个流程中，超滤能够去除胶体等较大颗粒的污染物，纳滤在去除水中的二价盐和硬度方面有较大的优势，经过两次膜分离后的出水经高压泵增压后进入反渗透系统进一步去除离子等污染物，使得出水水质最终达到回用水标准。穆明明等人在某一焦化企业采用“超滤 + 纳滤 + 反渗透”为核心的全膜法对焦化废水进行了深度处理，出水的各项污染物去除率均超过了 95%，并且运行成本低于当地工业用水价格的 41.5%，具有良好的应用价值。

（二）组合分离技术深度处理

近年来，在焦化废水深度处理领域，单一处理工艺较为成熟，但出水无法满足要求。采用多种处理工艺联合处理，可以综合各项处理技术的优势，从而达到更好的出水效果。

山西某焦化厂对经过 AAO 工艺处理后的焦化蒸氨废水采用超滤、反渗透等组合膜工艺处理，发现出水中 COD、氨氮、CN —离子的含量明显降低。唐山某焦化厂为保证纳滤系统进水水质达到要求，设置了包括多介质过滤器和超滤系统的处理系统。生化处理后的焦化废水经过多介质过滤器、超滤系统等预处理，再经过纳滤膜系统处理，其出水可回用作循环冷却水。张一红等人将催化氧化法与膜分离技术相结合，对 A/O 生化处理后的焦化废水进行处理。该工艺能够大幅度降低废水中 COD 和悬浮物等各类污染物的含量，一次性投资较少，处理效果稳定，并且产水率相对提高。

4　申龙，高瑞昶．膜蒸馏技术最新研究应用进展 [J]. 化工进展，2013，33（2）：289-297.

二、半焦废水深度处理中膜技术的应用

煤化工半焦废水的生产过程主要是以不黏煤和弱黏煤为原料，采用中低温（600℃ ~ 800℃）干馏处理，同时副产煤焦油和焦炉煤气。相较于焦化废水，半焦废水中污染物的浓度更高，成分也更复杂。其产生的废水中含有大量苯系物、酚类、多环芳烃、氮氧杂环化合物等有机污染物以及重金属等无机污染物，是一种典型的高污染、高毒性工业废水。

由于半焦行业兴起较晚，半焦废水的处理工艺不够成熟。焦化废水处理工艺，即“物化处理 + 生化处理 + 深度处理 + 浓盐水处理”。

（一）脱盐处理工艺

半焦废水中的脱盐处理一般采用组合膜工艺处理，处理工艺位于生化处理之后。脱盐废水常结合超滤或纳滤（UF/NF）和反渗透（RO）工艺进行处理生化出水。因为 UF 可进一步去除水中的悬浮物、胶体、有机物等杂质，而 RO 工艺主要通过反渗透膜脱除全部二价及以上离子和绝大部分一价离子，使得水中的离子浓度得到极大的下降，其出水完全可用于工业循环冷却用水。

（二）浓盐水膜浓缩处理工艺

浓盐水的膜浓缩工艺，目前常用的有高效反渗透膜浓缩（HERO）、碟管式反渗透（DTRO）以及震动膜浓缩等。

HERO 是一种主要用于预浓缩的热力蒸发系统的设施，其过程主要是先对来水进行软化除硬、脱气、加碱后，在高 pH 环境中，进入 RO 膜进行膜浓缩。运行过程中，RO 膜处于连续清洗状态。碟管式反渗透（DTRO）是一种特种分离膜，其反渗透膜片和水力导流盘叠放在一起。相比传统的反渗透，DTRO 具有更宽的通道、更短的流程和高速湍流的特点，它可以延缓膜堵塞问题的出现，提高膜的使用寿命。震动膜浓缩采用平板反渗透膜进行浓缩处理，外加机械高频率震动在滤膜表面产生高剪切力的新型、高效的“动态”膜分离技术。根据大唐克旗项目投产一年后的工程实例，该技术相比常规 RO 浓缩具有更好的过滤效率，因为高频振动，更有效地防止了膜面结晶，延长了膜的使用寿命。

煤化工行业的废水进行浓缩处理后，一般 DTRO 回收率为 80% 左右，其余膜浓缩工艺的水回收率均可达 90% 以上，水资源回收效率显著。

三、煤气化废水深度处理中膜技术的应用

煤气化是以煤或煤焦为原料，在一定的温度和压力条件下，将煤或煤焦与氧气、水蒸气等汽化剂反应转化为水煤气的过程，应用较多的主要有碎煤加压气化、粉煤气化和水煤浆气煤化工艺。一般的气化废水需要经过预处理、生化处理、深度处理三个阶段。在生化处理后的出水中，难降解物质、COD、色度等指标往往很难达到排放标准，此时通过膜技术的处理，能够满足回用水水质，因此膜技术成了煤气化废水深度处理办法之一。目前常用的技术有膜生物反应器（MBR）、纳滤（NF）、超滤（UF）、反渗透（RO）等。

MBR 是一种将生物降解与膜技术相结合的污水处理技术。首先依靠反应器内微生物降解污水中的有机污染物，再利用膜分离技术将大分子有机物、悬浮物截留在反应器内，使得出水与污泥固液分离，达到净化目的。

我国煤化工行业发展迅速，产业不断升级，随之而来的水污染问题也日益严峻。膜技术因为其无相变、无化学反应、选择性好、适应性强、低能耗等特点，被广泛地应用于煤化工各阶段废水处理。不仅是在深度处理中，而且在预处理、生化处理阶段也被广泛应用。另外，在电力、城市生活污水处理等领域，膜技术也被广泛应用着。通过膜组分与结构不断调整，可以适应不同行业出水要求和标准，所以其具有良好的发展方向和广阔的发展前景。

第四节　煤化工高盐废水处理技术现状及对策

现代煤化工产业正发展成为我国煤炭清洁高效利用的重要新生力量，对保障我国能源安全、优化能源结构、改善环境质量形成有力补充。然而水资源与水环境容量的双重匮乏一直困扰着现代煤化工产业的发展。高盐废水及结晶盐处理利用是煤化工废水处理的主要难点。2015 年国家环境保护部印发的《现代煤化工建设项目环境准入条件》指出，“缺乏纳污水体的新建现代煤化工项目需采取高盐废水有效处置措施，无法资源化利用的盐泥暂按危险废物管理，作为副产品外售应满足适用的产品质量标准要求。”2016 年获得环评批复的煤化工项目多数都承担了高盐废水处置和结晶盐综合利用环保示范任务。目前高盐废水处理利用已成为煤化工产业持续健康发展的自身需求和外在要求。

本节梳理了煤化工高盐废水处理利用技术进展，剖析问题，提出对策建议，以期为煤化工高盐废水处理利用技术研究与应用提供参考。

一、高盐废水处理现状

现阶段煤化工废水回用处理多采用经高效反渗透、震动膜、电渗析、正渗透等工艺，回用过程产生的高盐废水具有有机物、盐浓度高，处理难度大的特点。国内大唐克旗、新疆庆华、中煤图克、伊犁新天等煤化工项目多采用自然蒸发、机械压缩蒸发、多效蒸发工艺进一步处理高盐废水，产生的混合结晶盐组成复杂难以利用。2016 年获得环评批复的煤化工项目多数选择分步结晶技术路线。但目前煤化工高盐废水分步结晶技术处于中试研究阶段，尚需验证经济性和工业实施的可操作性。

受国家政策引导，煤化工高盐废水处理利用技术成为研究热点。2014—2017 年国内共申请了相关专利 50 余项。专利内容主要涵盖高盐废水净化预处理、膜浓缩、分质结晶工艺及设备，但描述概念性流程较多，说明实施及应用效果的数据较少。

结合文献报道对专利进一步分析，梳理出主要的煤化工高盐废水及结晶盐处理利用工艺特征、处理效果、技术进展。不同工艺区别在于前端净化预处理、浓缩以及分盐工艺，但目标都是围绕结晶盐资源化。预处理单元主要采取化学沉淀、物理截留、吸附分离以及氧化降解等方式来脱除钙镁结垢离子、难降解有机物；浓缩工艺主要采用反渗透、纳滤、电驱动离子膜、正渗透等工艺回收水资源，提高废水 TDS 浓度，减少蒸发结晶单元处理水量。分盐工艺主要有热法和冷法，依据高盐废水盐溶液相图，结合纳滤膜、结晶器特殊结构，如淘洗装置等辅助措施，实现 NaCl、Na2SO4 等可资源化结晶盐与有机污染物等杂质分离开，得到纯化结晶盐。目前煤化工高盐废水结晶分盐技术处于中试或工业示范阶段，技术评价缺乏长周期运行数据支撑。

二、高盐废水及结晶盐综合利用探讨

分质结晶是煤化工高盐废水资源化利用研究热点，但缺乏工程长周期运行验证，而且存在处理流程长、运行成本高等问题。为此国内一些单位积极探索开发技术经济更合理的煤化工高盐废水资源化利用新途径。

（一）高盐废水洗煤

国内富煤地区常面临水资源匮乏，非常规水洗煤逐渐得到选煤厂的重视。传统洗煤厂煤泥水处理需要投加无机电解质凝聚剂，如氯化钙、硫酸铝等，中和或降低煤泥表面的负电，提高煤泥水沉降速度，降低循环水浓度，实现清水洗煤。而煤化工高盐废水盐分组成与洗煤厂常用无机凝聚剂组分相近，这对开展浓盐水洗煤有利。郜阳等人提出新建煤化工园区与煤矿、洗煤厂统一布局，可利用高盐废水作为煤矿、洗煤厂生产水源，实现高盐废水综合利用。荣用巧等人通过研究指出，煤化工浓盐水可作为洗煤厂洗煤补充水，浓盐水中 Ca^{2+}、Mg^{2+} 等阳离子改善煤泥水沉降性能。熊亮等人进行浓盐水选煤试验，表明一定浓度的煤化工浓盐水促进煤泥水自由沉降。目前尚无煤化工高盐废水洗煤中试或工程应用报道，工程实施需针对具体煤质与高盐废水水质开展适应性研究，评估高盐废水盐分、有机污染物等对洗煤厂及周围环境的影响。

（二）高盐废水、结晶盐固化处置

国内研究指出，含盐废液掺煤循环流化床焚烧处理技术上可行。新疆准东燃煤电厂高盐煤与高灰熔点煤掺配，实现电厂稳定运行。熊亮等人以气化灰渣、锅炉粉煤灰为原料，掺入煤化工高盐废水，研究膏体充填开采技术固化处置浓盐水的效果。试验表明，膏体充填开采固化处置煤化工高盐废水技术可行，并具有良好的经济性和安全性。这对配套煤矿绿色开采、煤化工园区灰渣等固废综合利用、煤化工高盐废水安全处置，以及减轻煤化工项目环保压力，提供了新的技术路线。结合含盐废液循环流化床焚烧处置技术和高盐煤配煤发电工程经验，乔英存等人提出煤化工高盐废水及结晶盐循环流化床锅炉掺烧固化处置新思路，并针对煤制气废水结晶盐和原料煤煤灰硅、铝含量高的特点进行了烧结实验。研究表明，煤灰样对钠盐有明显的固化作用，这为煤化工项目实现废水零排放和结晶盐危废安全处置提供了新的解决途径。从工程应用考虑，高盐废水及结晶盐掺烧固化技术仍需开展系统研究与工业试验，同时结合具体煤化工项目废水结晶盐性质，配套电厂原料煤煤质及动力锅炉型号进行模拟计算，为产业化实施提供保障。

（三）结晶盐作为制碱原料盐

国内环保技术商和煤化工企业进行了高盐废水分质结晶中试及工业示范，产出 $NaCl$ 和 Na_2SO_4 结晶盐纯度均达到 98% 以上，这为煤化工废水结晶盐作为氯碱行业、纯碱行业粗原料提供了有利条件。现阶段国内氯碱厂主要采用离子膜法生产烧碱，对进厂原盐品质要求高，特别是 Ca^{2+}、Mg^{2+}、SO_4^{2-}、总有机碳 (TOC)、氨氮等杂质含量控制严格。为此煤化工高盐废水分质结晶盐产品指标控制需参照制碱行业原料要求，这也是煤化工结晶盐能否用于下游制碱行业的关键。这就需要强化高盐废水净化预处理，以及上游废水生化处理的效果。未来煤化工高盐废水结晶盐产品用作制碱原料盐，仍需开展大量试验研究。

三、对策与建议

煤化工高含盐废水处理利用，以下游用户需求为导向，工艺开发与优化以满足潜在用户技术指标要求为原则，是实现煤化工高含盐废水资源化的关键。

（一）加快高盐废水分质结晶技术开发与应用

分质结晶是高盐废水资源化利用的重要路径，但目前尚缺乏工程验证。结合国内煤化工高盐废水运行情况和技术瓶颈，未来实现高盐废水分质结晶仍需开展以下技术攻关：分子层面研究高盐废水污染物及污染源分析；高盐废水净化预处理技术研究，主要是 TOC 强化脱除技术、钙镁离子高效除硬新技术；多元高盐废水体系相平衡研究，重点是热力学平衡相图、结晶动力学、结晶干扰因素及控制措施；盐、硝分质结晶技术研究；结晶母液无害化处理技术研究。

（二）加强煤化工高盐废水副产结晶盐产品标准研究

产品标准缺失是煤化工废水结晶盐产品实现市场流通的重要瓶颈。现有 GB/T 5462—2015《工业盐》标准，仅限定了 NaCl、水分、水不溶物、钙镁离子总量、SO_4^{2-}含量等指标，未涉及氨氮、有机物、重金属等煤化工高盐废水存在的污染物，并不适用于煤化工废水制盐。现阶段煤化工废水副产结晶盐外售制碱厂做原料可能会影响制碱厂稳定运行或存在潜在环境风险。建议采用先进分析检测技术解析高盐废水特征污染物，结合下游盐煤化工用户工艺要求，开展工艺开发优化以及煤化工废水副产结晶盐产品标准研究。

高含盐废水处理是现阶段煤化工产业发展面临的重大环保问题。综合利用是解决高含盐废水出路的重要路径。高含盐废水综合利用需要从技术选择、设计优化、工艺应用、现场运行管理等方面系统考虑。国内正开展中试或工业示范的电渗析、正渗透、纳滤等膜法分离浓缩工艺以及热法、冷法分质结晶技术，仍需加强论证，同时尽快建立高含盐废水副产结晶盐产品标准。借助新建煤化工项目鼓励企业承担环保示范任务，积极开展高含盐废水综合利用新技术研究与推广应用。

第五节 煤化工中焦化废水的污染控制原理与技术

现阶段，我国的煤化工废水在处理的工艺上还十分不完善，因此，对于此问题加以详细的研究与探讨也就显得非常的重要了。工业企业生产所排放的废水当中含有各种不同的成分，且具有较大的毒性，而这其中的焦化废水处理被广泛地使用。在废水污染的控制原理中，主要从煤制气、煤制焦、煤制油以及煤制甲醇几个方面着手进行分析。希望能够借此对提升煤化工企业生产的环保性有所帮助。

将固相微萃取技术和 GC-MS 技术充分融合在一起而加以利用，不但可以在很大程度上改善废水的水质，改变其内部的结构，还能够有效减小其污染的程度。基于此，借助于废水构成等相关的定量标准，可以更加充分地了解废水产生的原理与机制。在对其变化的基本特征加以掌握的情况下，与污染特征的相关化学原理相结合，并对吸附或催化氧化的特性进行详细的分析，以此研究出具有一定先进性的控制技术。

一、煤化工当中焦化废水的污染

近年来，在我国煤化工行业逐步发展的过程中，水污染的相关问题一直都存在，据相关数据统计，我国国内仅煤化工企业每年排放出的废水总量就达到了数亿吨，而且每年都在持续递增。煤化工排放的废水有着多种不同的成分，其中焦化废水所造成的污染极其严重，包括复合性的污染以及毒性性质的污染等问题。

（一）焦化废水的基本特征

焦化废水当中有着几十种不同类型的化学物质，其成分十分的复杂，浓度非常的高，而且影响的范围也比较大。焦化废水当中含有大量的氨氮，此物质具有较高的毒性，能够使生态环境受到严重的破坏。而对于其中的微生物而言，废水当中存在的污染成分会在很大程度上抑制其生存和生长。

（二）焦化废水中污染物的主要构成物质

煤化工在生产的时候，其中的氮、硫和氰等各种不同的化学元素在经过干馏后，会产生出各种不同的有机化合物与无机化合物，然后再经过煤蒸汽的冷凝，就变成了带有一定毒性的污染物。其中比较有代表性的有多环芳烃和卤代烃等。除此之外，焦化废水当中还含有大量如汞、铅和镉等重金属性质的污染物。

二、煤化工当中焦化废水污染的控制原理

（一）焦化废水水质的调节和控制

焦化废水主要产生于煤化工企业生产的过程中，其具有污染程度高、影响范围广、成分较复杂以及不易降解的特点。现阶段，在焦化废水污染的控制方面，多数采用的是GC/MS的分析原理，利用该原理对焦化废水当中的有机成分加以有效的分析，对其中上百个种类的有机物实施分子结构、毒性和含量的深入研究。在对污水中含有的有机污染物加以筛选的基础上，对其实施处理。现阶段普遍使用的有化学沉淀法和Fenton氧化相结合法，以此降低焦化废水中的有毒物质。同时，借助于节水调节池实施脱硫废液的处理，利用组分间的作用力使水质的内部结构得到有效的控制。

（二）焦化废水的降解以及深层次的处理

焦化废水当中含有大量的酚类物质，在对酚类物质加以检测之后，就能够实现浓度的转移，同时设计相应的处理方法将酚类物质清除掉，最后保持在 $0.1mg \cdot L^{-1}$。对酚类物质加以转移不仅可以有效减少废水中的污染物，还能够使污染物得到降解。此外，对焦化废水实施深层次的处理，本质就是除掉废水当中残留的污染物。对此，多数情况下采用的是 COD 构成研究法，同时借助于 O_3/UV 制式的催化流床反应器，减小废水当中各种污染物的含量。这样不仅降低了污染浓度，还使废水得到了消毒，达到了废水回收再利用的目的。

三、煤化工当中焦化废水污染控制的相关技术

（一）厌氧生物处理技术

此项技术不仅具有低能耗的特点，而且在处理焦化废水当中浓度较高的污染物方面有着很好的效果。厌氧所针对的大部分是具有发酵性质的细菌和产停产乙酸类的细菌等。该技术可以使很多不易降解的污染物得到降解处理。高氯带同系物当中的脱氯变化必须要基于厌氧的环境下实现。厌氧生物的处理必须要在负荷较高且污泥相对较少的环境中进行，而厌氧发硬所需的条件则更加的严格，所以启动的速度也要慢一些。利用水解的方式所实施的生物性降解处理，是使用非严格厌氧让有机物得以分级的降解，当中的碱性水解菌不会溶解于水中，因此可以使大分子物质得到充分的降解。

（二）生物强化技术

此项技术内容大致上概括为以下几点：首先是关键菌群结构与基本的功能。基本上是针对微生物进行的研究。当中对于废水所采用的处理技术是从生物学的角度加以分析的。其次是对功能性微生物的培养。对微生物进行降解通常使用好氧类型的生物对其加以处理。最后是基因工程菌的构建。其需要充分考虑到菌类生存所需的环境以及基因转入后在繁殖方面的能力。

总而言之，对煤化工废水当中的焦化废水加以分析，对构建生物选择性降解和相关控制降解的原理研究有着极其重要的作用。基于此，不仅要具有可以全面体现出污染具体状况的相关检测方法，还要能够深入了解各类不同的工业行业在生产过程中和不同环境下的煤化工废水水质的基本特征。同时，要充分掌握常见污染物的产生、转化和控制当中形成的化学性联系，对废水的安全性加以详细评估和有效处理。

第四章　洁净煤技术

第一节　洁净煤技术的研究现状及进展

洁净煤技术旨在最大限度地发挥煤作为能源的潜能利用，同时又实现最少的污染物释放，达到煤的高效清洁利用目的。洁净煤技术是一项庞大复杂的系统工程，包含从煤炭开发到利用的所有技术领域，主要研究开发项目包括煤炭的加工、高效燃烧、转化和污染控制等。

为解决美国和加拿大的越境酸雨问题，美国于1986年率先提出洁净煤技术（Clean Coal Technology），并制订出洁净煤技术示范计划。此后10年中，洁净煤技术已引起国际社会普遍重视，目前已成为世界各国解决环境问题的主导技术之一。

一、国外洁净煤技术的进展

美国是最早制定和实施洁净煤技术的国家。美国“洁净煤技术示范计划”共制订了5轮，计划的实施共有40个CCT项目，分布于美国的18个州。项目类型共分为以下4类：先进发电技术：包括常压循环流化床燃烧发电、增压流化床联合循环发电、煤气化联合循环发电等共11个项目。目前已完成Nucla常压循环流化床锅炉示范项目和Tidd增压流化床锅炉示范项目。几项煤气化联合循环发电示范项目，如Pinon Pine示范项目、Tampa示范项目、Wabash River示范项目等，也分别于1996年和1997年投入运行。环境控制设备：主要包括各种低NOX燃烧器、燃料脱硫技术、烟气脱硫装置等共19个项目，到1996年年底已完成11个示范项目。清洁煤制备技术：包括选煤、煤质专家系统、煤温和气化技术、煤液化技术等共5项。工业应用项目：包括在钢铁工业、水泥工业等的应用性示范项目共5项。上述项目中，总投资超过60亿美元，其中美国政府投资约为1/3、工业界投资约为2/3。如此规模巨大的洁净煤示范计划被誉为是继原子弹计划、航天计划、星球大战计划后美国政府组织的又一全国性计划。

欧洲也积极推动洁净煤技术的研究和开发。欧共体制订了“兆卡”计划（Thermic

Program)，旨在促进欧洲能源利用新技术的开发，减少对石油的依赖和煤炭利用造成的环境污染，确定经济持续发展。欧洲特别是德国在选煤、型煤加工、煤炭气化和液化、循环流化床燃烧技术、煤气化联合循环发电、烟气脱硫技术等方面都取得了很大的进展。

日本于 1991 年开始向洁净煤技术发起了挑战，1993 年在“新能源产业技术综合开发机构”(NEDO)内成立“洁净煤技术中心”(CCTC)，负责全日本的新能源和洁净煤炭技术的规划、管理、协调和实施。作为“阳光计划”的一部分，日本已在流化床燃烧技术、煤气化联合循环发电技术、煤液化技术、水煤浆技术、烟气净化技术、煤气化燃料电池发电技术等方面开展了研究开发工作。

从以上情况可以看出，世界上主要发达国家为适应其能源政策和环境政策以及开拓国际市场的需要，不惜投入巨资，积极发展洁净煤技术。

二、国内洁净煤技术的研究内容及进展

基于我国的能源结构以及环境状况，为实现环境、资源与发展的和谐统一，中国已把发展洁净煤技术作为重大的战略措施，列入“中国 21 世纪议程”。洁净煤是中国能源的未来已被越来越多的人所认识。下面分别介绍洁净煤技术的研究内容和进展。

(一)煤炭地下气化技术

煤炭地下气化技术是美国、英国、德国等国家已从事数十年研究的一项高难技术，是将地下煤炭有控制燃烧、产生可燃气体的一种开发清洁能源与煤化工原料的新技术，以上国家的研究至今尚未达到工业应用阶段。我国地下煤气化专家提出的大断面、长通道、两阶段气化的新工艺技术方案堪称第二代采煤方法。它将建井、采煤、气化三大工艺合而为一，可以使地下煤炭在原地转变为可燃气体，由常规的物理采煤方法转变为化学采煤，具有安全好、投资少、效益高、见效快、污染少等特点。近期有关专家指出，我国的煤炭地下气煤化工艺已达到了世界先进水平，这种技术用于回收矿井中的报废资源利用是一个行之有效的方法，它将成为我国煤炭开采技术发展的一个重要途径。

(二)工业型煤技术

与原煤燃烧相比，型煤是提高燃烧效率和减少污染的最有效的方法之一。型煤主要分工业型煤和民用型煤两大类，目前我国有集中成型和炉前成型两种工艺路线。民用型煤主要用于民用炉具。型煤的品种较多，目前已进入商业化生产阶段。

工业型煤是依据生产洁净煤的煤质原料而定。我国一般以无烟块煤为原料，但一般煤矿开采的无烟煤块煤率都很低，这就需要把粉煤开发成气化型煤来代替无烟块煤。工业型煤现尚无统一的标准，它将根据各地用煤原料而定。例如，日本是用的机车型煤，

德国是用褐煤砖，也都要经过技术处理加工成工业型煤方可使用。1971 年日本机车型煤达到用煤总量的 79%，1992 年德国褐煤砖产量达 0.121 亿 t。我国化肥、煤化工、冶金等领域多以块煤为原料，用煤气发生炉生产合成气及工艺燃气。仅化肥一项每年就需要无烟煤约 0.35 亿 t。然而随着机械化程度的提高、块煤率下降，块煤率仅占采煤量的 20% 左右，这就造成块煤供不应求，粉煤大量积压的矛盾。因此急需利用粉煤开发气化型煤代替无烟块煤。这样可以缓解块煤供求矛盾，降低造气成本，提高粉煤资源的利用率。目前关键是研制来源广、适应性强的廉价防水黏结剂和提高型煤的热态性能。

（三）水煤浆气化技术

水煤浆是 20 世纪 70 年代世界石油危机中发展起来的一种以煤代油的新型燃料。把灰分很低而挥发分很高的煤研磨成 250 ~ 300 μ m 的微细煤粉，按煤约 70%、水约 30% 的比例，加入适当的化学添加剂配制而成。目前我国煤炭成浆性研究及评价、难制浆低价煤的制浆技术、级配技术、制水煤浆专用磨机、磨矿过程的模拟预测及优化、添加剂技术等的研制处于国际前沿水平。在水煤浆气化技术方面，华东理工大学对自主开发的新型水煤浆气化技术进行了放大，并在兖矿建成了 1 150 t/d 新型水煤浆气化炉工业示范装置，完成了 168 h 连续运行考核试验，目前该气化炉已投入试运行。通过工业化规模的气化炉的示范运行，我国在水煤浆气流床气化技术方面达到了国际先进水平。通过积累在气流床气化技术方面的开放和运行经验，为该技术在我国大规模的推广应用奠定了坚实的基础[5]。

（四）煤液化技术

煤炭通过液化将其中的有害元素硫以及灰分等加以脱除，是一种彻底的高级洁净煤技术。我国自 1980 年重新开展煤炭直接液化技术研究，其目的是由煤生产洁净的优质轻、中质运输燃料和芳烃煤化工原料。煤炭直接液化对原料煤质量有一定的要求，选出适合液化的原料煤，对我国煤液化的工艺和经济性方面都有重要意义。

（五）洁净煤联合循环发电技术

我国每年用于发电的煤炭占煤炭年产量的 1/4。煤炭的洁净利用已引起煤炭发电行业的重视。我国现阶段洁净煤发电技术的主要发展途径有常压循环流化床燃烧（Circulating Fluidized Bed Combustion，简称 CF-BC），增压流化床燃烧（Pressurized Fluidized Bed Combustion Combined Cycle，简称 PFBC-CC），整体煤气化联合循环（Combined Circulation With Integral Gasificaltion，简称 IGCC），加脱硫、脱硝装置（SPB+FGD）的超临界机组，都具有高效率、低污染的特点，是很有发展前景的洁净煤

5　金嘉璐等 . 新型化工技术 [M]. 徐州：中国矿业大学出版社，2008.

技术的发电方式。在技术上它们相辅相成、各有特长；在投资上，IGCC 略高于 PFBC-CC。目前 IGCC 和 PFBC-CC 发电技术还处于示范性阶段，其技术复杂，整体性技术难点多，投资费用高。但随着技术的进步，以及从效益、费用和环保的综合评价来看，IGCC 和 PFBC-CC 发电技术可望成为 21 世纪燃煤发电的主导技术。

（六）采煤废弃物的综合利用技术

由于我国煤炭资源的大量开采和低效利用，有大量煤泥、煤矸石、炉渣、粉煤灰等废弃物产生。把这些废弃物当作一种有用资源加以利用是洁净煤技术的一个重要环节。关于煤泥制水煤浆，煤泥和煤矸石燃烧、混烧技术，炉渣做水泥原粉，粉煤灰制作各种建材的成型技术，我国都已有很多先进的应用技术和发明专利，关键是推广和加以利用。

三、洁净煤技术的特点

从国外特别是西方国家发展洁净煤技术的情况来看，洁净煤技术主要具有以下几个显著特点：

（1）洁净煤技术以解决环境污染问题为主导，以环境保护立法为后盾；

（2）洁净煤技术开发是一项跨部门的巨大的系统工程，必须各个部门之间高效地管理和协调，并有强有力的组织领导；

（3）洁净煤技术难度高，投入巨大，开发周期较长；

（4）洁净煤技术是一项多层次、多学科的综合技术。

根据洁净煤技术的这些特点，以及中国仍长期是一个以煤为主要能源的发展中国家的国情，我国的洁净煤技术发展起点低，但应用领域广泛，从而使得技术发展的节能与环保效益相当可观。因此我国洁净煤技术的发展不仅有着强大的客观动力，而且也有着十分广阔的市场前景。认识到这一点，对我国国民经济的发展具有特别重要的意义。

四、洁净煤技术工作的开展

中国是世界上少数几个以煤为主要能源的国家之一，煤炭在经济发展中占有极重要的地位。当前大力推进洁净煤技术产业化是关键，但存在一系列障碍待克服，包括行业和地区间协调管理力度不足；研究开发力量分散，项目重叠或低水平重复与节能项目、环保项目结合不够；技术政策与环保政策、能源政策、产业政策、节能政策、高新技术政策等结合和相互支持不够；一些先进的技术达不到国产化商业应用水平；对中国洁净煤技术市场需求了解不足；从研究开发、工程示范到商业化应用都存在资金短缺问题，特别是在工程示范或产品试制阶段。其中政策障碍是主要障碍。若没有政府政策的强劲推动，洁净煤技术很难得到快速发展并克服其他障碍。因此，我们应该加强以下方面的工作。

（一）加强宏观领导与协调

国家洁净煤技术推广领导小组应进一步加强作用，通过规划的制定和实施，结合国家清洁能源的发展及行业和地方产业结构的调整，将洁净煤技术的发展与各地区、各行业的发展计划结合起来，从宏观上布局和协调洁净煤技术的发展，并从政策、技术推进和资金方面予以一定的支持。

（二）通过宏观政策和措施刺激发展

1. 技术引导政策

例如，禁止直接销售和使用原煤，鼓励发展煤炭综合加工技术和洁净燃烧技术，鼓励相关技术的国产化，要求工业锅炉和窑炉必须燃用洗选煤、固硫型煤、固硫配煤等清洁燃料水煤浆、煤层气等作为环保、节能新型产品，可享受高新技术产业的环保产业政策等。

技术引导政策的制定应使环保处罚和利益机制相互推动。在合理的污染物排放收费标准与严格的执法配合下，形成企业不采用洁净煤技术经济上就会受损失，采用洁净煤技术就有经济利益，或可从国家得到政策的倾斜，或从市场上得到利益。

2. 金融和税收优惠政策

对洁净煤技术产业化项目，国家应当通过节能低息贷款、企业科技创新贷款、环保产业贷款、高新技术产业贷款等多种渠道向企业倾斜，对洁净煤技术基础研究、科技攻关及示范项目的立项和经费予以倾斜。

发展洁净煤技术，对环保、节能、资源综合利用等社会公益事业有重大作用，应享受差额征税、过渡性减征、免征等优惠政策。

清洁能源发展和环境需求给予洁净煤技术以新的发展机遇，相信在国家的强有力领导和促进下，在市场作用的推进下，我国洁净煤技术在今后会迈上一个新的台阶。

第二节 洁净煤利用技术与新型煤化工技术

煤在我国是储量较为丰富的能源，从最初的炼焦、提供煤气到今天的精细煤化工，在人民生活和国家经济建设中发挥着越来越重要的作用。但传统煤化工在资源和能源消耗、环境等方面还有令人困扰的问题。本节浅析了煤化工技术和三种洁净煤化工技术，这些技术在一定程度上缓解了环境保护、能源和资源需求的压力。

煤化工以我国储量较为丰富的煤为原料，化学处理后转变为固液气等状态，再通过深层次加工合成一系列化学产物。煤焦化至今仍然是煤化工重要的方法；制焦（副产煤气和焦油）、电石乙炔化在煤化工工业中具有引领作用。煤通过煤化工工业制成各种液体燃料、固体燃料，经碳—碳化学技术合成为各种重要的煤化工产品。随着石油和天然气资源的不断减少、煤炭技术的改进、新技术和新型催化剂的成功开发、新一代煤化工技术的涌现，现代煤化工在我国前景广阔。

煤炭利用至今，为人类各个行业的发展注入了源源不断的动力，与此同时，二氧化碳超排、氮硫废气直排等污染现象给我国乃至地球生态带来了显著影响，严重制约了经济社会进步，从而受到各国的普遍重视。所以，洁净煤技术受到各国煤化工工业的关注，洁净煤技术有利于实现生态与经济的协调发展，是煤炭综合利用、温室气体控制排放的现实选择。洁净煤技术一词来源于 20 世纪 80 年代的美国，是关于减少煤炭开发利用过程中的污染、提高煤炭利用率的清洗加工及燃烧转化、烟气净化等一系列新技术的总称。根据应用情况及趋势特点差异，洁净煤技术由如下几方面组成：煤的初加工、煤炭燃烧及其后处理、煤炭气化、煤炭液化、燃料电池、煤炭开发利用中的污染控制等。我国是煤炭生产和消费大国，积极发展洁净煤技术有利于降低液体燃料的制约作用，减轻污染和提高煤炭综合利用效率。

一、煤炭焦化技术

煤炭焦化是煤在隔绝空气的情况下进行加热，分解生产焦炉煤气、煤焦油和半焦三种形态产品的过程。煤焦是气化和电石生产的原料，也可以用于钢铁等金属的冶炼、铸造；焦炉煤气中主要含有 H_2、CO、CH_4，是重要的燃料气，亦可作为合成气生产甲醇、合成氨等煤化工产品；煤焦油是一种十分复杂的混合物，主要组分是芳香烃化合物和杂环化合物，如苯、酚、蒽、萘、醌、吡啶及其同系物等。煤焦化是传统煤化工的重要组成部分。

目前，我国焦炭产量居世界首位，各类机械焦化炉 2000 多座，制焦技术达到了国际先进水平。国际上在发展现代化大容积室式焦炉的同时，陆续开发了单室式巨型炼焦反应器、无回收焦炉等设备。我国的大型捣固焦炉技术研发取得了成功，有利于提高劳动生产率和提高焦炭质量、降低生产成本和减少环境污染，加快了焦化产业的结构调整、节能减排和产业升级的步伐。焦炉大型化是我国焦化企业实现可持续发展的必由之路。

二、煤的气化技术

煤的气化技术是指在一定条件下将原料煤转变为混合气（主要为一氧化碳和氢气）的煤化工工艺。伴随国内、国际煤炭气煤化工艺的日趋完善，已最大限度地提高了固态煤到气态燃料的转化率，采用这种技术的领域逐步扩展，主要包括燃料气、燃料油、原料气、氢、醇、化肥等方面。其中，煤气化的产品氢气、氨气是生产化肥的重要原料，占全国合成规模的一半以上，为我国农业经济、粮食安全提供了必要保障。此外，煤气煤化工艺还在人工合成煤气、供热、发电等方面具有不可估量的前景。我国拥有各种类型煤气化炉 5000 余台，以固定床气化炉为主；开发成功并应用于工业化生产的有多元料浆气化炉、对置式四喷嘴式煤浆气化炉、两段式干煤粉气化炉、HT-L 干煤粉气化炉、CAGG 加压流化床碎粉煤炉等炉型。单炉投煤量从 500 t/a ~ 2500 t/a，气化压力从 1.0 MPa ~ 6.5 MPa。我国煤气化技术逐渐提高，气化性能逐渐提升，摆脱了气化先进大国技术依赖的制约，现已广泛应用于合成氨、电力、燃料供应等工艺方面。

不同固定化床、流化床等，其技术性能有较大区别。以 U.G.I 炉、M 炉、W-G 炉和鲁奇炉四种固定化床为例，鲁奇炉和 U.G.I 炉的炉膛内径较大，鲁奇炉和 W-G 炉总高较大；气化压力、气化强度以鲁奇炉为最大，气化温度略有不同；M 炉和 W-G 的能耗较大；经鲁奇炉气化后的煤气低热值最大，U.G.I 炉次之。HTW、CFB、U-gas 和灰熔聚流化床等四种流化床气化炉中，HTW 和 CFB 的炉膛内径较大；CFB 和 U-gas 的煤种适应性较强；HTW 的气化压力最大；U-gas 的粗煤气产率最高；CFB 的煤气低热值最大。不同气化炉炉型之间，其技术性能也不相同。以固定床、流化床、气流床为例，固定床气化压力较低、气化温度适中、汽化剂为空气和蒸汽、适应煤种为无烟煤和焦炭、气化炉结构较复杂、单炉生产能力和碳转化率较低、气化强度和冷煤气效率也较低；流化床气化压力较高、气化温度适中、汽化剂为空气和蒸汽氧气、适应煤种较多、气化炉结构简单、单炉生产能力和碳转化率高、气化强度和冷煤气效率居中；气流床气化压力和气化温度高、气化剂为氧气和蒸汽、适应煤种为褐煤和烟煤、气化炉结构较复杂、单炉生产能力和碳转化率高、气化强度和冷煤气效率最高。

三、煤炭液化技术

煤炭液化是指将煤加氢直接生成液态燃料，主要包括汽油和柴油的生产。目前，煤的液化技术有两种技术路线。第一种是煤直接液化，这种方法是将煤经化学试剂浸提或在一定条件下催化，使煤炭中的复杂有机物结构产生变化，从而得到燃料油的过程。第二种是煤炭间接液化技术，先将煤炭加氧和水蒸气进行气化，制成合成气（$CO+H_2$），在一定的压力和温度下，合成气定向催化合成液体燃料。

煤炭液化技术主要有俄罗斯低压加氢技术，美国的SRC-Ⅰ、SRC-Ⅱ、EDS、HTI技术，德国的IGOR技术，英国的SCE技术，日本的NEOOL技术、TSP两段液化技术和煤油共炼技术等。这些技术的共同特点是加氢反应的压力和温度等反应条件趋于缓和，煤的转化率和油的收率大幅度提高，能耗、生产成本较低。

近年来，国内外对合成气制取液体燃料技术的研究十分活跃，研究开发领域主要集中在高活性、高选择性的廉价催化剂，提高产品的选择性；低温低压合成反应及高效大型化反应器的开发；降低消耗、降低成本等各个方面。与此同时我们也注意到，虽然煤炭液化技术也属于一项高能耗、高污染的工艺技术，尤其是对能源和水资源有着较大需求，而且煤液化等煤化工项目投资巨大、技术难度也大，但我国石油开发和生产不能适应经济和社会发展的要求，供需矛盾日益突出，对外依存度已超过50%，必须下大力气因地制宜调整能源结构，大力发展洁净煤技术。

第三节　煤化工产业中洁净煤气化技术

科学技术的不断提高，带动了社会产业的全面发展，很多的产业发展过程只注重对经济的提高，而忽视了对生态环境的保护。社会经济快速提高的同时，人们赖以生存的生活环境却遭到了严重的破坏。面对日益恶化的生存环境，相关政府部门提出了新的发展指导思想，环境保护与经济增长同步，对于环境污染破坏严重的煤化工行业、重工业等要加强技术改进，确保环保达标。于是污染现象尤为严重的煤化工产业，通过不断的研究和探索，研发出了洁净煤气化技术，这种新型的煤化工艺技术的应用改变了煤气化污染严重的情况，大大地提高了对原煤的使用效率。净煤气化技术达到了气化指标和绿色环保的要求，在当今的气化行业中是最为重要的技术手段，需要不断地提高和广泛应用。本节围绕环保理念对现行的煤化工产业中净煤气化技术理念，净煤气化技术中使用较为普遍的技术方式和意义进行了分析阐述。

一、净煤气化技术原理

净煤气化技术的原理最为主要的技术就是原煤的转化加工，通过采用特定的技术手段，完成原煤的合成气体转化，原煤变成合成气体之后再通过净化分离，生成煤化工产业中使用的氢气。煤气化技术最初使用的是煤块、煤颗粒作为原料来进行合成气的转化，这种早期的技术被称为一代煤气化技术。环保理念提出之后，在一代煤气化技术的基础上进行了改良和创新，新型的二代煤气化技术也就是净煤气化技术运用到煤气化产业中，转化加工的对象被煤粉和水煤浆取代，大大地减少了环境的污染程度，起到环境保护作用，同时这种技术还提高了原煤的利用率，合成气达到很大程度的转化，加强了不同煤炭种类的适应能力，不断地促进了经济收益的提高。

二、净煤气化技术的意义

（一）降低了环境污染，提高生态保护

净煤气化技术在生产加工的过程中需要进行必要的预处理，由于提前对原煤材料进行了处理加工，并且气化反应过程中反应充分、彻底，几乎没有废气和污染物质产生，所以气化过程和气化物产品完全达到了高效、环保，达到绿色标准。煤炭气煤化工程中产生的污水也不多，处理起来也相对简单、容易很多，不会对环境和水源造成污染和毒害，最为经济的地方就是污水的处理并不需要很多的资金成本投入，所以企业生产对于污水的处理不会过多吝啬成本的投入，盲目节省资金的投入。气化后的煤炭残渣也就是飞灰又可以作为水泥的原材料进行二次利用，开创出另外一种经济收入渠道。

（二）拓宽了原煤的适用性

净煤气化技术对原煤种类和质量的要求并不高，尤其是壳牌干粉煤气化技术，对煤炭原料的要求极低，而且还能够完成混合原料的转化，如含水量很高的褐煤、烟煤以及石焦油等都没有任何的限制。

（三）提高了煤气化利用效率

煤气化技术完成了一代煤气化技术到二代净煤气化技术的提高，二代净煤气化技术的应用，产生的煤气化，在利用率上通过进行煤气化利用率综合指标的综合评定表明，净煤气化技术不仅仅是做到了环境保护和降低污染，而且煤炭的利用率和适应性也有了很大的提高，范围更广。

三、净煤气化技术分析

（一）德士古水煤浆气化技术

德士古水煤浆气化技术起源于德士古公司，德士古公司在煤气化技术的研究上通过不断的努力，在20世纪70年代终于研发出了由煤变气的相关技术。起初德士古公司运

用的是天然气和重油作为原料进行反应转化，后来随着研究人员对此项技术的不断开拓和提升，创新出了水煤浆气化技术。水煤浆气化技术的主要原料是水煤浆，把水煤浆排渣处理后在气流床上进行气化合成，生成一氧化碳和氢，完成煤气化的转变。德古士水煤浆气化技术对原料的要求很低，适用于很多类型的煤炭，烟煤和石油焦也可以采用这项技术进行气化反应，但是目前对于褐煤来说，由于其内部含水量过高，没有找到更佳的处理方法，所以褐煤气化不适合采用德士古水煤浆气化技术。应用德士古水煤浆气化技术一定要做好气化反应前原料的处理工作，煤炭原料要以 13 ： 20 的配比度进行煤浆的生产。水煤浆气化过程中还要控制好煤气炉的压强大小和温度范围，最后要保证气化转变后的一氧化碳和氢的有效气体浓度达到 80%。

（二）壳牌粉煤气化技术

20 世纪 70 年代末，Shall 公司研发出壳牌粉煤气化技术，并开始在市场上进行推广和使用。壳牌粉煤气化技术以渣油气化技术为主要依托来完成煤炭气化的转换。工艺技术系统性很强，对煤炭的质量和种类没有什么要求，而且还可以混合原料进行气化，所以适用性很强，原料使用范围很广。每天的投产量能够达到四百吨，如此高的加工量在市场上占有很大的优势。壳牌粉煤气化技术较为系统，对工业化技术水平要求很高。首先需要把原煤加工处理成煤粉，煤粉经过不同工序的传送进入给料仓，在高压氮气的作用下进入气化反应炉，同时在反应炉的喷口位置与氧气混合，然后再经过高温、高压、氧化还原和冷却还原处理，最后生成有效的气体。

目前市场上采用的净煤气化技术主要是上述两种，二者各有利弊，德士古气化技术需要大量的氧气辅助，而且需要达到很高的温度，这样就会消耗大量的能量，而且转化过程中产生的热量得不到有效的利用和再利用，能源白白浪费，而且这种技术在原煤种类的选用范围又受到含水量的限制。对于壳牌粉煤气化技术这些条件限制和弊端都不会产生，反而还可以使用混合原料，生产能力强对温度和煤炭质量没有什么要求。所以市场的占有率很大，但是采用壳牌粉煤气化技术必须要具备一定的系统规模和较高的工业水平。所以不论选择哪一种煤气化技术，都要根据企业的实际状况来做出决定。

煤化工产业需要健康地发展下去，早期在人们对环境保护还没有足够的意识时，飞速的经济发展也带生态环境严重的污染和破坏，水源的污染、雾霾天气的增长，严重地威胁着人们的身体健康。当人们注意到环境保护的重要性时，绿色环保成为各行各业发展的指导思想和理念。为缓解国内恶劣的生态环境，在国家可持续发展战略的指导和强制要求下，煤化工产业中净煤气化技术的不断提高是大势所趋。现阶段净煤气化技术取得的研究成果表明，现行的净煤气化技术已经达到一定的水平，气化过程和产品质量都完全达到绿色环保的规定指标，而且也促进了产品利用率的提高，推进了经济的创收。但是随着新时代越来越发达的科学技术的不断创新，煤化工产业中的净煤技术仍需紧跟时代的步伐共同发展下去，更高效、更环保的技术将会对社会经济和环境的改善发挥更大的作用。

第四节　洁净煤技术与洁净煤燃烧发电

能源与环境是人类赖以生存和发展的基本条件。化石能源（煤和石油）的大规模生产和利用给环境带来巨大的影响。目前全球性的四大公害：大气烟尘、酸雨、温室效应、臭氧层破坏，随着经济快速发展，已经严重到影响人类的生存条件。世界性的环保问题已经引起国际社会的高度重视，并且很多国家也多次召开国际会议，讨论和研究全球环保政策和可持续发展的经济体系。由于大气污染与能源生产和利用有着直接的关系，尤其是煤炭的开发利用是烟尘、酸雨和温室效应的主要根源。因此研究洁净煤技术和洁净煤燃烧发电已经引起国际社会的普遍重视，目前已成为各国解决能源与环境问题的主导技术之一。

一、洁净煤技术

洁净煤技术是一项庞大复杂的系统工程，包括从煤炭开采到利用的所有领域，如煤炭加工、转化、燃烧和污染控制等。主要可分为煤炭利用前净化技术、煤炭燃烧中的净化技术、烟气净化技术和煤炭转化技术等。

（一）选煤

选煤是去除或减少原煤中所含的灰分、矸石、硫份等杂质，并按不同煤种、灰分和粒度，分成若干品种等级，以满足不同用户的需要。选煤后燃烧可减少烟尘和 SO_2 的排放量，是控制大气污染的最有效途径，是公认的洁净技术重点。

（二）型煤

型煤加工是用粉煤或低品位煤制成具有一定强度和形状的煤制品。民用型煤有煤球和蜂窝煤等形式。工业型煤加工一般需要加黏结剂，主要用于工业锅炉、窑炉、蒸汽机车。褐煤干燥后可直接冷压成型，可大大减少二氧化硫的排放。

（三）动力配煤

动力配煤是 1979 年年初由上海市燃料总公司首先开发利用的一种使动力用煤质量

达到稳定可靠的方法，工业锅炉和窑炉使用“配煤”以后，不仅炉况稳定、操作方便，还可以使煤炭得到充分燃烧。并可节省煤耗达 50% 以上，还解决了供煤的品种和质量不符合锅炉设计煤种的问题，摆脱了需要改炉的困境。

（四）水煤浆

水煤浆是 70 年代发展起来的一种以煤代油的新型燃料。将灰分小于 10%、硫份小于 0.5% 的高挥发煤研磨成 250 ～ 300μm 的细煤粉，按比例加入适量的分散剂和稳定剂配制而成。水煤浆可以像燃油一样运输、储存和燃烧。水煤浆可以在现有燃油锅炉、烧油窑炉以及大量的工业锅炉上应用。在日本、瑞典等国家已有大型的制浆厂和发电机组。我国水煤浆研究、开发和示范在国家科委和煤炭部组织下组成国家水煤浆工程研究中心，其制浆技术已达到国际水平。

（五）煤炭的转换技术

煤炭转换技术是煤炭气化和煤炭液化。

煤炭气化是把经过适当处理的煤送入反应器，在一定的温度和压力下，通过汽化剂（空气、氧、蒸汽）以一定的流动方式（移动床、流化床或气化床）转化成气体（CO 和 H_2），灰分形成废渣排出，这种工艺可脱硫 99%。煤炭气化已有 100 多年的历史，从第 1 代气化炉（鲁奇炉）发展到第 2 代、第 3 代气化炉。

（六）燃料电池

燃料电池效率高，理论效率为 83%，实际已达 35% ~ 60%。其优点是占地小、重量轻，适合用作分散式电源，可布置在负荷中心（楼宇内）和做移动电源（航天飞机、电动车、潜水艇等）。

由于燃料电池有其特殊优点，故各国都在争先开发，被认为是 21 世纪最有希望的高效清洁的新型发电技术。

二、优化动力配煤

动力配煤是将不同牌号、不同品质的煤经过筛选、破碎、按比例配合等过程，改变动力煤的化学组成、岩相组成、物理特性和燃烧性能，达到充分利用煤炭资源、优化产品结构的目的，是煤质互补，适应用户燃煤设备对煤质要求，提高燃煤效率和减少污染物排放的技术。

动力配煤补充了煤炭洗选无法全面有效控制与调整煤质的不足，又可与型煤技术结合或提供质量好、品质适宜的原料煤，因此，在实现高效洁净燃烧的燃前加工技术领域是重要的技术环节。

通过动力配煤提供适合锅炉燃烧的优质燃料煤，可以充分发挥先进燃烧技术和燃煤设备的作用。可见动力配煤是改善燃煤、洁净燃烧、发展中国洁净煤技术的优先途径。

三、现有电厂的洁净煤技术

（一）总的要求

发电是最清洁最有效的利用煤炭方式，既可以提高能源利用效率，又有利于集中高效处理烟气，保护环境，更有利于国民经济及人民生活对能源的要求。因此，煤炭大部分用来发电是我国利用煤炭的最佳方式。煤炭洁净燃烧发电的重点是提高机组热效率和控制污染物的排放，也就是洁净燃烧、提高效率、净化烟气、降低污染。

（二）采用低 NOx 燃烧器

煤燃烧形成的 NOx 是由热力 NOx 和燃料 NOx 两部分组成。前者由燃烧用的空气中的氮生成，其生成量约占 NOx 总生成量的 20% ~ 40%，取决于燃烧温度。后者由燃料燃烧反应区的化学环境所形成，其生成量约占 NOx 总生成量的 60% ~ 80%。减少送入主燃烧区吹入的空气量，以提高煤粉浓度，而后再补充缺少的空气，使煤粉完全燃烧，从而在一定程度上造成不利于 NOx 生成的条件，对降低 NOx 的生成有显著的作用。

（三）锅炉尾部安装选择性催化还原系统（SCR）

选择性催化还原系统 Selective Catalytic Reduction（SCR）中用氨做催化剂，在 300℃ ~ 400℃的温度范围内还原 NOx，作用式如下：$4NO+4NH_3+O_2 \rightarrow 4N_2+6H_2O$。

SCR 系统可以布置在空气预热器与省煤器之间。

根据日本和德国的成功运行经验，在保持灰中未燃尽碳和氮在允许值的同时，成功地将 NOx 排放水平保持在 0.043g/MJ 以下。

（四）石灰石喷注，炉内降低 SO_2

喷钙脱硫成套技术由炉内喷钙基吸着剂固硫和炉后喷水增湿固硫两个环节构成。

两步脱硫组合起来与当前其他烟气脱硫技术相比，工艺简单、设备投资和运行费用低、占地面积少，能以最低的费用得到较高的脱硫效果。炉内实际灰渣成分变化不会导致炉内结渣和严重积灰现象，不会对排烟除尘带来不利影响。喷钙脱硫成套技术，不仅适用于新建大型锅炉，而且也适用于现役锅炉改造。

（五）烟气脱硫

烟气脱硫是降低 SO_2 排放量最有效的手段。烟气脱硫是世界上应用最广泛的一种控

制 SO_2 排放技术。

由于燃煤电厂所产生的烟气量非常大，而烟气中二氧化硫的浓度却很低，因此烟气脱硫费用较高，一些脱硫系统也很复杂。烟气脱硫的方法很多，应用较多的有半干法、干法和湿法。

四、流化床燃烧技术与特点

（一）流化床燃烧技术

所谓流化床，就是将 8mm 以下的煤粒和脱硫剂石灰石，加入燃烧室床层上，在通过布置在炉底的布风板送出的高速气流作用下，形成流化态翻滚的悬浮层，进行流化态燃烧，同时完成脱硫。而这种燃烧技术叫作流化床燃烧技术。

按燃烧室压力的不同，流化床可分为常压流化床 AFBC 和增压流化床 PFBC。增压流化床的燃烧室工作压力为 1.2 ~ 1.6MPa。按流化速度和床料流化状态的不同，又可分为鼓泡床 BFBC 和循环流化床 CFBC。循环流化床的流化速度是 4 ~ 8m/s，是鼓泡床的 2 ~ 5 倍。

（二）流化床燃烧特点

（1）清洁燃烧，低污染排放，环境性能好；

（2）燃料适应性强；

（3）燃烧效率高；

（4）流化床燃烧与煤粉燃烧相比，NOx 可减少 50% 以上。

五、整体煤气化蒸汽燃气联合循环发电技术

在煤的洁净燃烧方面，燃煤的蒸汽—燃气联合循环技术的发展是最令人瞩目的。既可以较大幅度地提高燃煤电厂的热效率，也可使环境污染问题获得解决，是高效的联合循环和洁净的燃煤技术相结合的一种先进发电系统。目前世界各国正在开发的先进燃煤联合循环发电系统，除了整体煤气化联合循环外，还有流化床燃煤联合循环、外燃式燃煤联合循环、直接烧煤粉（或水媒浆）联合循环、整体煤气化燃料电池联合循环，以及磁流体发电联合循环等。已进入示范阶段的是整体煤气化联合循环发电技术（IGCC）和增压流化床联合循环发电技术（PFBC-CC）。

（一）整体煤气化蒸汽燃气联合循环发电技术（IGCC）结构原理

IGCC 的结构原理是先将煤在气化炉中气化成中热值或低热值的煤气，然后经过净

化，把煤气中的灰分、含硫化合物，如硫化氢等杂质除掉，生成洁净的煤气，供给燃气轮机做功，并与蒸汽轮机组合起来，形成联合循环发电。

IGCC 发电系统由煤的前处理装置、气化装置、煤气净化装置、燃气轮机、余热锅炉、蒸汽轮机以及相关的公用系统辅助设备组成。IGCC 的关键是先进的气煤化工艺和高温煤气净化技术。

（二）煤的气化技术

利用煤气化技术产生合成煤气，以取代石油或天然气作为热机的燃料，是发展燃煤联合循环的主要技术。气化炉主要分四类：喷流床、流化床、固定床和熔融床。若按气化反应的氧化剂区分，则有两类：氧吹和空气鼓风。

（三）高温烟气净化系统

从气化装置产生的原煤气中含有大量硫化物和灰尘，无法满足燃气轮机的安全运行，必须进行净化处理。净化系统成熟应用的有常温湿法净化系统和高温干法净化系统。若由于工艺的要求，要在常温湿法净化系统中除尘（200℃ ~ 250℃），脱硫（30℃ ~ 40℃），会产生煤气显热的损失，若煤气能不降温净化，就能提高系统热效率（2% ~ 3%）。

（1）高温除尘：采用陶瓷过滤器或硅砂床式过滤装置。

（2）高温干式脱硫：炉内喷钙，加上金属氧化物吸收剂系统去除硫份，已能达到很高的脱硫效果（95% ~ 98%）。

（四）IGCC 的特点

自从 1984 年美国建成世界上最早的 120MW 示范性电站以来，许多国家如德国、日本、荷兰、西班牙等国也都加入 IGCC 的研究和开发的行列中。IGCC 技术已日臻成熟，从第一代商业示范性电站发展到第二代商业性电站，并向商业化目标前进。已经积累许多经验，其特点如下：

（1）热效率高。由于采用了联合循环，科学合理地使能源得到梯级利用，其效率可达 40% ~ 50%。

（2）污染排放少，环保性能优良。煤在气化中大部分硫变成硫化氢（H_2S），去除 H_2S 较容易，并可获得固体硫副产品。在气化器中，煤中的 N2 以 NH3、酚或其他有机物形式存在于废液中，故 SO_2、NOx 排放大大减少，脱硫率在 98% ~ 99%。NOx 排放值很小，与天然气相同，被誉为“世界上最清洁的燃煤电站”。

（3）燃料适应性强。同一电站设备可燃用多种燃料，对高硫煤有独特的适应性。

（4）耗水量比较少。对缺水的地区很有利，特别适合在矿区建设坑口电站。

（5）燃烧后的废物处理量小。脱硫后产生的元素硫或硫酸可以出售，有利于降低发电成本。灰和其他微量元素熔融冷却后形成玻璃渣，对环境无害，可以作为建筑和水泥工业的原料。

（6）通过煤的气化，除了发电之外，还能生产甲醇、汽油、尿素等原料和化学品，得到综合利用，有利于降低生产成本[6]。

六、先进燃煤发电技术评估

先进的燃煤发电技术就是尽最大可能提高煤炭的转化效率，同时使污染物排放得到最好的控制。这些技术中最先进的是超临界煤粉燃烧机组、整体煤气化联合循环机组和增压流化床燃烧联合循环机组。

超临界燃煤发电机组热效率的提高主要是取决于提高蒸汽初参数和辅机效率的改进。近几年来，科学技术不断发展，燃煤机组的高温部件采用了耐热奥氏体钢。蒸汽参数提高，使电厂的净效率可以达到 50%(包括烟气脱硫和脱氮用电)。

另一种方法就是把煤转化成一种燃料气，然后在联合循环发电厂中燃烧洁净的气体。燃烧前净化燃料气可提高净化效率，又允许应用先进的高效的燃气轮机，预计这种 IGCC 燃气轮机也有可能达到 50% 的效率。主要特点是高效率、低排放，但是相比其他发电方式，其系统较复杂。用增压流化床燃烧可以使联合循环电厂直接燃用煤炭，循环效率有望达到 45%。

所以有人认为，从环保效果绝对水平看，煤气化联合循环 IGCC 有很大的优势，但在环保标准合格的条件下，超临界机组的经济性最有竞争力。

煤是我国的主要能源，也是能源的未来。煤正面临着激烈的挑战，特别是在环境领域。大气质量已引起很多国家对二氧化硫和 NOx 排放量的政策及法规的补充，要求利用低硫燃料或进行技术投资以减少污染物的排放量。

节约能源、保护环境是我国能源发展的主要政策之一。发展洁净煤技术的宗旨是“提高煤炭利用率，减少环境污染，促进经济发展”。我国洁净煤计划内容是推广应用、工程示范、研究开发三个层次，即推广应用一批成熟技术、试验示范一批基本成熟技术、研究开发一批先进技术。

洁净煤技术发展有 4 个领域，贯穿于煤炭开发和利用的全过程：选煤、型煤、水煤浆技术；燃煤与发电领域、循环流化床发电、PFBC-CC、IGCC 技术；煤炭转化领域、煤气化、煤液化、燃料电池技术；污染排放控制及废弃物处理领域、煤层气开发利用、烟气净化、粉煤灰利用、煤矸石及矿井水资源化处理、中小型锅炉改造及减排技术。洁净煤技术是解决环境与能源矛盾的最好办法之一。

6 张庆庚. 化工设计基础 [M]. 北京：化学工业出版社，2012，2.

第五节　洁净煤技术与大气环境保护

煤炭在未来一个阶段的经济发展，其重点是生产和消费高效能洁净煤，因此我国应重视洁净煤技术的不断完善，将洁净煤技术的探索和使用与我国可持续发展的战略目标相结合，本节重点阐释了洁净煤技术和大气环境保护策略两方面的内容。

一、煤炭开采利用造成对大气环境的破坏

当前，全国各地大气环境问题频发，影响了人们的正常生活，大气环境问题的出现和我国燃烧煤炭之间有较大关联性，煤炭资源开发如果不具备科学性，将带来污染大气环境的严重问题，具体表现为：

（一）酸雨问题概述

我国大气污染大多是煤烟造成的污染，究其原因是应用煤炭作为主要能源，煤炭燃烧过程中产生的煤烟污染到了大气环境，进而直接影响到了人、动物、植物的生存，影响人的主要方面在于增加上呼吸道疾病的患病率，人们皮肤黏膜刺激增多，更有甚者将直接造成肿瘤。酸雨在当前看来属于较为严重的环境问题，酸雨属于区域性环境污染问题，酸雨来自空气中氮氧化物以及水蒸气结合产生形成硫酸、硝酸，这种酸液和雨雪结合在一起成为酸雨，酸雨降落到地面上直接影响到人们的生产、生活，破坏生态环境，更对生物的生长起到破坏作用，酸雨将直接进入地表层中，对土壤造成破坏，直接阻碍农作物的成长，酸雨还将最终汇集到江河中，加速生物、森林的快速死亡，与此同时，酸雨降落在建筑物上，将对建筑物造成腐蚀。

（二）温室效应概述

煤层中含有甲烷，甲烷的燃烧将造成温室效应，甲烷浓度的增加将造成对流层中随之提升的臭氧浓度，平流层中臭氧量会不断减少，进而引发地球上紫外线强度逐步加强，过强的紫外线将直接造成人体皮肤加速老化，提升色盲以及皮肤癌的发生率。

化石燃料的燃烧将直接释放二氧化碳，大量的二氧化碳将吸收空气中的长波辐射，致使太阳的短波辐射能够直接透过大气层进入地面，由于地面的长波辐射被化石燃料燃烧产生的二氧化碳所吸收，其无法顺利实现散热效果，温度提升直接导致了温室效应现象。温室效应现象的具体体现是冰川融化、海水转化为高温热浪、海平面逐步提升、甚至龙卷风等，这些都属于严重的自然灾害，将威胁到人们的生命。

二、洁净煤技术的开发方式和具体应用

地球作为符合人类生存条件的星球，人类要注重维护地球上的生态平衡，积极投身于地球环境保护工作，唯有持续性地改进和创新能源技术，并且通过实践应用进一步提升技术手段，使用先进的洁净煤技术，才能最终达到污染物排放量的降低。我们应在实践中使现有能源结构得到科学性的改善，注重化石燃料使用率的降低，推进新能源技术的开发，并且逐步在实践中落实使用新能源技术。

（一）进一步推广动力配煤、洗选加工措施

当前技术的发展带动了煤炭加工技术的不断突破，通过洗选措施、动力配煤等措施，并同时开展煤型、水煤浆的有效操作，进一步提升了煤炭加工技术标准。实践中，采用科学性的加工技术能够使煤炭质量得到明显提升，同时达到了煤炭燃烧过程中污染物排放量的降低，使煤炭资源整体利用率呈现明显提升趋势，有效降低了设备磨损造成的成本费用，也减少了设备检修频率，并且节省煤炭运输的费用。通过动力配煤、洗选煤加工手段，加工过后的煤炭具备更高的经济价值，水煤浆取代了重油模式，使整体经济价值得到提升。

（二）进一步探索二氧化硫技术

应用科学性的技术手段以及合理的经济模式，呈现出全过程二氧化硫减排状态。对于高硫煤的开采进行设限，进一步重视煤炭洗选加工工作，在实践中推广高效、节能、洁燃烧技术的广泛使用，使烟气脱硫技术在实践中受到重视，根据实际情况的特点，科学性地使用洁净煤技术，选择更加有效的节能减排方式。

（三）20t/h 下的燃煤工业锅炉的改进

应用领先的科技手段改进当前锅炉模式，在实践中注重对燃煤工业锅炉的优化，使燃煤工业锅炉呈现出与时俱进的技术水平提升，每年的燃煤成本将逐步降低，同时能够同步减少二氧化硫排放量——据统计至少能够减排 380 万 t 二氧化硫。通过在实践中积极突破和创新，能够科学地完善工业锅炉的劣势方面，使工业锅炉发挥节能减排的效果。未来，我们应进一步重视应用大中型 CFBC 锅炉，使 CFBC 锅炉呈现出国产化的发展态势，促进我国环保工作的有效落实，保障生态平衡。

（四）煤炭转换技术的概念阐释

煤炭气化技术可以理解为燃煤经过特殊技术处理之后，将其放置在反应器内，在一定的温度和压力作用下，以空气、氧气、蒸汽作为汽化剂，采取固定床、流化床或者气

流床的方式，将燃煤直接转化成气体。煤气气化的整个过程将生成 CO 以及 H，因此在燃烧之前应开展脱硫处理，煤化多联产一体化技术和 IGCC 技术在实践应用过程中的不断突破和发展过程中不能缺少煤炭气化技术的应用。

针对大气环境保护工作，应从燃烧原煤造成的大气污染入手，采取洁净煤技术能够从根本上降低燃烧原煤造成的污染气体总量，使大气环境状况得到明显改善，因此应在大气环境保护工作中重视高效节能技术的应用。在合理应用洁净煤技术、化石能源洁净开发技术之后，能够解决化石能源带来的各种污染环境问题，使环境污染状况得到明显改善，降低温室气体排放量，减少环境污染。煤炭资源在各种能源中的稳定性较好，同时具备经济性特点，从环境保护的角度入手，应用洁净技术能够有效提升煤炭的洁净性，减少大气污染。

第六节　选煤在洁净煤技术中的作用

在我国经济建设中，所用的能源资源，其结构主要是以煤炭为主，在这样的能源结构下，必须要大力发展洁净煤技术，这样才能有效地解决因煤炭开发利用而引发的环境问题，才能实现社会的可持续发展。本节主要对选煤在洁净煤技术中作用进行详细探究，以期更好地推进洁净煤技术的发展与深入。

一、洁净煤技术中选煤工艺发展方向

洁净煤技术多种多样，其中，选煤工艺作为主要及重要的技术之一，已经被很多煤矿企业广泛的应用。选煤技术不断的更新换代，如今，随着新技术的不断涌现，煤矿企业所用的选煤技术正在朝着工艺系统简单化、经济效益最大化方向发展。目前的选煤工艺，主要是依托现代机电一体化技术和电子信息技术，实现选煤设备的大型化和高度全自动化。这样的选煤工艺技术，不仅能提高选煤设备的工作效率，而且可以增加煤炭的使用价值、提高附加价值，极大地提高了煤炭的综合利用率。

二、关于选煤工艺技术的分析

选煤工艺方法多种多样，笔者主要介绍三种选煤方法：重介选煤、延伸重选分选下限选煤以及脱泥预处理选煤。

（一）重介选煤

重介选煤是当下被广泛使用的一种选煤方法，其优点是高效简洁，而且在选煤过程中可以灵活地调节重介质的密度。在重介选煤中，所用的选煤设备主要有重介质旋流器和重介质分选槽，这两种选煤设备能够有效地提高选煤效率及保证选煤的质量。而且对一些陈旧选煤设备改造中，通过应用这两种设备，可以在较低的改造成本下显著提高选煤效率。

（二）延伸重选分选下限选煤

我国煤炭具有灰分含量较高的特点，针对这一特点，对粗泥煤进行选煤时，要想实现高效分选是比较困难的。在我国旧的选煤工艺技术中，介质旋流器技术和螺旋分选技术都不能对粗泥煤实现高效、优质分选。在这样的背景下，延伸重选分选下限选煤技术应运而生，并且得到了较好的应用。通过应用延伸重选分选下限选煤技术，实现了粗泥煤高效及保质的分选。将重介旋流器的分选下限进行延伸，不仅能够对粗泥煤中存在的灰分进行有效减少，而且，在传统选煤技术对细粒煤的脱硫中，应用通过延伸重选分选下限的方法，可以交换进行细粒煤脱硫。

（三）脱泥预处理选煤

脱泥预处理选煤不仅是选煤工艺过程中的准备阶段，而且也是进行重介选煤前的必要阶段。脱泥预处理选煤，即先对煤矿进行脱泥预处理，这样可以有效地提高煤矿分选的效率。脱泥预处理选煤工艺的作业流程比较简单，所用的设备主要有脱泥筛和三产品重介旋流器。先用脱泥筛对煤矿进行脱泥，再将其送入三产品重介旋流器。脱泥预处理选煤技术，通过先对煤矿进行脱泥，不仅降低了煤矿的重量，很好地保护了重介质，而且减少了对其的损害。如果不先对煤矿进行脱泥预处理，直接将煤矿进行重介选煤，对重介质的损害将达到 5.20 kg/t ～ 9.32 kg/t。

三、选煤在洁净煤技术中的作用

洁净煤技术中的选煤工艺，主要就是清除原煤中的灰分、硫分、磷分等有害杂质，通过利用机械加工方法或者化学处理方法，回收锗、钒等伴生矿物，为不同用户提供质量合格的煤炭产品的过程。选煤对洁净煤产业及技术具有极其重要的作用。

（一）减少了煤矿燃烧释放的有害物质

减少环境污染是洁净煤产业及技术发展的目的之一，从而实现煤炭的清洁利用。通过选煤，能够把煤矿中所含有的灰分、硫、磷等有害杂质进行分离，尽可能地减少煤炭中所含的对环境有害的物质，从而降低煤在燃烧时因释放有害物质而造成的对空气的污染。通过选煤，还可以有效地提高煤矿的含煤密度以及精度，从而提高煤的燃烧效率，有效降低因煤炭不完全燃烧释放的有害物质含量，保护生态环境。

（二）提高了煤炭的经济效益和社会效益

通过对煤矿进行分类分选，将煤炭按照质量分成不同的品级，然后，按照不同的品级进行销售，这样就最大限度地挖掘了煤炭的经济价值。而且通过选煤，还能提高煤炭的使用效率，煤炭分选后，能更完全地燃烧，提高了煤炭的使用效率。企业在发展中，在同等的成本下，充分的煤炭燃烧，可以最大限度地防止资源浪费，减少企业经济损失。此外，煤炭中含有许多伴生矿物，通过选煤把这些贵重的矿物质筛选出来，进行回收利用，可以增加企业的经济收益。另外，通过选煤，把煤矿中的杂质分拣出来，可以减少煤矿生产加工中对设备的破坏，这样就降低了煤矿企业的经济成本。

（三）提高了煤矿深加工的附加值

通过对煤炭进行深加工，增加煤炭的附加值，不仅能够提高煤炭资源的利用率，而且使其燃烧或使用时对空气和环境的污染更小。对煤矿的深加工，必须是在选煤的前提下进行，通过选煤，排除了煤矿中的大量硫分和灰分，能充分地发挥煤矿的经济价值。

总之，在全球对环境保护日渐高涨的呼声中，全世界对环境污染处理及环境保护都极其重视，煤矿作为最主要的能源，其燃烧对环境的损害是极大的。由于煤炭中含有各种危害物，已经严重影响全球的气候及环境。所以，煤炭洗选能够有效地降低有害物质，减少对环境的损害，是维护我们赖以生存的地球环境的有效途径之一。同时，煤炭加工中的选煤，可以有效地提高煤矿的经济效益和社会效益，增加煤炭的附加值。

第五章　煤化工管理体系研究

第一节　煤化工机械设备的管理及维护

在现阶段煤化工生产过程中，更多大型、高速、精密的煤化工机械设备广泛运用于煤化工企业中，尤其是煤化工生产过程中经常出现的温度和压力变化、摩擦、干湿交替等现象，不仅直接降低了机械设备的使用寿命，同时影响了企业的经济效益。因此，对于煤化工生产来说，煤化工机械设备是否能够长期保持良好的工作状态，对企业能否高效、连续生产具有重要的现实意义。

一、煤化工机械设备的管理方法

能够用科学的方法管理好设备直接关系到煤化工生产的正常运行，按照企业标准的各项生产指标以及技术要求，先是设备要合理选型，再通过有效的管理措施保证机械设备的正常运行，进而提高产品的产量和质量。煤化工生产过程中所涉及的机械设备多种多样，根据不同的生产工艺对维护和保养也提出了比较苛刻的要求。只有通过过硬的技术以及完善的管理制度才可以降低事故的发生率，提高设备的运行效率。

对机械设备的现场管理，一定要提高岗位员工对设备的操作水平，杜绝一切违规操作行为，减少设备故障频次。在煤化工生产过程中，涉及的设备主要包含反应器、再生器、旋风分离器、分馏塔以及换热器和储罐等，只有保证这些机械设备处在正常运行状态，才可以达到理想的生产任务指标。

二、煤化工机械设备常见问题与解决措施

（一）判断阀门定位器故障类型

气动阀门定位器简称阀门定位器，其作为调节阀的组成部分，与气动控制阀配套使用，对反馈的信号进行输入，从而测量阀杆位移情况，集信号主要指的是控制器输出，当输入信号出现偏差时，就会导致输出信号发生改变，从而使控制器输出信号、阀杆位

移等建立对应关系。通过这种方式能够形成固定的阀门定位器反馈控制系统，执行机构对操纵变量控制系统与控制器输出信号进行控制。

（二）对流量计进行判断与故障分析

容积式流量计与速度式流量计是测量流体流量的两种方式。如果流量计发生问题，主要表现形式是流量计中出现不稳定状态，导致测量结果偏差太大或者不显示结果。在出现结果不显示的情况时，主要处理措施与方法就是先检查电源线，保证电源线准确连接，并处于正确合理的状态。然后对显示插件进行检查，查看是否出现松动情况。如果插紧，则可以判定为变压器或者保险管出现了问题，在烧毁后，应当及时对变压器内部的保险进行更换，这需要确保在转换器不是朝下的状态下进行安装，并且液体管道中所剩的液体不会发生泄漏情况，如果发生泄漏，就会导致绝缘下降，出现短路问题，最终无法及时安装。

（三）对自动包装秤进行分析与处理

煤化工在生产过程中，在生产玉米麸质、尿素、柠檬酸等一些类似粒状或者粉状的产品时，能够直接自动装袋与包装，不仅能够节省大量人力，还能避免出现浪费问题。在包装时，利用可编程控制器进行控制，其主要由小电磁阀、夹带、轴承传感器等多个元件组成。如果发生包装故障，那么送料部分就停止下料，并且出现数值波动变化大等情况。当出现这类现象时，主要采取的措施就是确定 PLC 电力供应是否正常，并且快速检查仪表连线，判断现场控制仪表是否是正常状态。

三、强化管理措施，明确管理制度

通过严谨的、科学的分析，选择性价比较高的机械设备。只有合适的机械设备才可以更好地保证煤化工长期稳定运行，更好地满足生产工艺要求、提高产品的质量和产量，同时还能够降低消耗、节约成本。

加强员工培训，提高员工的整体素质。让岗位员工掌握设备结构和工作原理，具备判断和处理事故的能力，只有员工具备发现问题、解决问题的能力，才能够保证设备的正常运转。

对员工进行安全责任划分。员工在交接班时必须清楚设备的运行状态以及所存在的具体问题，不可让机械带故障工作，否则不仅会影响设备的使用寿命，还会危害员工的生命安全。在操作设备的时候一定要严格遵照操作规程执行，不能因人为因素而损坏设备，增加设备的维修费用。

四、煤化工机械设备的维护保养措施

煤化工机械设备的维护保养是为了达到煤化工机械设备的维护保养目标，延长煤化工机械设备的使用寿命，提高煤化工生产烯烃的经济效益；加强煤化工机械设备的维护保养工作，降低机械设备的损耗，使其发挥最佳的效率，满足煤化工生产的需求。

（一）强制保养技术措施的应用

对煤化工生产用机械设备实施强制保养制度，无论设备是否出现故障，到了维护保养周期，必须进行维护保养工作。这也是延续机械设备使用寿命的条件，只有保证机械设备正常的运行效率，才能提高煤化工制烯烃的生产效率。如果煤化工生产用机械设备发生了故障，必须及时进行维修处理，不要因为等待维修人员，而延误时间，影响到煤化工生产的正常进行。不断提高岗位员工的专业素质，机械设备小的故障，必须能够解决，尽快恢复设备的正常运行状态，由于人为的原因而影响到设备的正常运转的情况，予以处罚。引起岗位员工的注意，增强主人翁责任感，对机械设备加强日常的维护保养工作，而且要对达到维修保养周期的设备进行强制维修保养，使机械设备处于正常的运行状态，不断提高煤化工生产的机械效率。

（二）机械设备管理部门的监督检查职能

机械设备管理部门，实时对煤化工生产用机械设备进行监督检查，发现问题及时处理，对岗位员工的操作及维护保养成果进行验收。并制定严格的考核机制，由于人为的因素，引起机械设备故障，必须严肃处理，避免发生类似的事故，影响到煤化工生产的正常进行。

对于煤化工生产企业，由于生产用机械设备的数量巨大，管理难度也比较大，建议设置专职的设备监督管理人员，并对其进行专业知识和沟通能力的培训，不断深入煤化工生产现场，及时发现设备存在的问题。对设备的维修、保养及应用情况进行检查，能够及时发现岗位员工的违规操作行为，杜绝安全生产事故的发生。通过对设备维护保养后的检查和验收，提高设备的完好率。

煤化工机械设备的管理人员，通过深入生产一线，及时掌握设备的故障情况，对老化陈旧的设备进行报废处理。解决煤化工生产实际问题，同时对采购新的机械设备进行把关，达到煤化工生产的技术标准，避免新购置的设备运行效率低下，对煤化工生产产生不良的影响。由此可见，煤化工生产机械设备的管理人员，是重要的管理岗位，通过设备管理人员的监督和管理，提高煤化工机械设备的运行效率，保证煤化工生产的安全。

（三）规范机械设备的检测指标

对于煤化工生产用机械设备的维护保养，必须达到企业规定的指标，才算保养合格。否则会追究维护保养人员的责任，避免岗位员工及机械设备维修人员互相推诿，责任无法落实的情况出现。结果是机械设备不能正常运转，影响到煤化工生产的顺利进行。

为了使煤化工生产用机械设备达到维护保养的标准，针对不同的机械设备，制定维护保养的标准。依据机械设备的结构、工作原理及工作环境条件的不同，制定相应的维护保养标准，并经过设备管理部门的考核，对没有达到标准的设备进行返修处理，保证机械设备的维护保养工作达到规定的标准，也是保证煤化工生产的必然要求。

在机械设备的维修保养过程中，发现机械部件磨损严重的情况，必须进行更换，防止机械设备失效，或者由于部件的老化，而增加了能量的消耗，违反煤化工生产企业对生产能耗的要求。必须满足企业生产节能降耗的技术要求，有效地组织煤化工生产，为煤化工企业创造最佳的经济效益。

（四）建立健全机械设备的改造管理制度

对于煤化工生产用机械设备，使用一定时间后，随着生产工艺的进步，新工艺技术层出不穷，必须对机械设备进行更新改造，使其适应煤化工生产新工艺技术的要求。经过岗位员工或者科研人员的研究，进行设备的改造设计，作为企业的创新成果，经过生产现场的实践检验，取得最佳的经济效益。对革新改造设备的人员予以奖励，鼓励煤化工生产企业员工进行创新研究，通过创新思维模式的应用，改善企业机械设备的管理模式，不断提高企业的经济效益。适应市场竞争的需要，通过对煤化工机械设备的改造，提高煤化工生产的效率，降低机械设备的磨损，延长机械设备的使用寿命，对煤化工企业具有非常好的促进作用。

煤化工生产和其他企业的生产是相似的，只有经过不断的更新换代，才能适应企业不断发展变化的需要。新工艺技术的出现，必然给机械设备提出新的要求，经过生产现场的试验研究，优选合适的机械设备，可以大大提高煤化工生产的效率。

（五）建立机械设备的报废制度

当煤化工生产用机械设备达到服役年限，经过定期的维护保养后，仍不能继续工作，维修的费用高于其使用价值，没有必要继续使用的情况，通过煤化工企业的机械设备报废制度，将其报废处理。投入资金，购置新的机械设备，保证煤化工生产顺利进行。煤化工生产企业不能为了减少企业生产的投资，使用过期服役的机械设备，如果发生安全事故，损失巨大，得不偿失。只有严格执行设备的报废制度，才能有条不紊地组织生产，提高机械设备的运行效率，满足煤化工生产的需求。

不能一味地追求利润，对于机械设备的陈旧和老化的问题，如果不加以解决，不仅影响到煤化工生产烯烃产品的质量，而且存在安全隐患，给煤化工生产带来严重的危害，必须进行机械设备的更新换代，才能达到预期的生产效果。

（六）泵机组的维护保养分析

煤化工生产机械设备比较多，以输送泵为代表，一般使用离心泵机组为例，对其的维护保养进行分析，解决煤化工生产的实际问题。

离心泵机组的维护保养措施，为了达到输送烃类液体的目标，应用离心泵机组提高液体的压能，使其进入下一个生产环节。对离心泵机组的操作，必须严格执行安全操作规程，启泵前进行各项检查，发现问题及时进行处理，达到泵的启动条件后，进行启泵操作。如果出现严重的汽蚀等故障，必须及时停泵，排除故障后，继续启泵运行，满足煤化工生产的需求。

离心泵日常的维护保养是每班岗位员工必须进行的操作，检查和调节密封填料的松紧程度，保证离心泵的漏失量达到每分钟 10 ~ 30 滴的效果。检查泵的轴承体，及时加注润滑油，避免轴承的过度摩擦损坏轴承，降低离心泵的使用寿命。检查机泵各紧固件的螺栓，发现松动的情况，立即进行紧固处理。检查并调节离心泵的运行参数，使其达到最佳的生产状态，做好泵机组的清洁保养工作。如果日常检查中发现离心泵存在安全隐患，必须及时处理，如果涉及交接班时间，必须向下一班的岗位员工汇报，使其明确设备存在的问题，防止发生安全生产事故。

对离心泵的维护保养，除了日常的维护保养措施外，还规定了离心泵的维护保养周期，进行离心泵的一级保养、二级保养和三级保养，每后一级的维修保养，都是对前一级保养的升级。

当离心泵机组连续运转 1 000h 后，进行一级保养，完成例行保养的所有工作，对泵进行检查，检查轴承温度，检查润滑油的优质和油位，如果不合格则进行更换，减少机件间的摩擦阻力损失，避免机件磨损严重而增加维修费用。对离心泵机组的过滤缸进行清洗，防止污物和杂质进入离心泵损坏叶轮。

当离心泵连续运行 3 000h 后，进行二级保养。将离心泵机组进行拆泵处理，对离心泵的所有零部件进行检查验收，并清洗干净，按照组装离心泵的技术要求，安装离心泵机组，发现损坏的部件及时进行更换。组装完成，进行机泵同轴度的校对，检查离心泵各部件的间隙，达到设计的要求，通过试运转，保证经过二级保养后，提高离心泵机组的泵效，减少离心泵的故障率，提高离心泵的运行效率。

而运行 10 000h 后进行三级维护保养，三级保养是对离心泵的完全的维修和解体的维护保养过程，拆卸离心泵，清洗泵的部件，检查离心泵的组成部件，发现问题及时处理，如果磨损严重，或者不能使用的部件，及时进行更换。如对泵轴的弯曲度进行检测，叶轮做静平衡试验，经过校轴，弯曲度不合格的泵轴需要更换新的泵轴，才能实现动力的传递效果。经过严格的检查和验收后，装配离心泵，按照拆卸离心泵相反的顺序进行安装。装配好的离心泵必须完好无损，各部位的紧固螺钉达到紧固状态，各部间隙合理，经过试运转，达到最佳的运行状态。

对离心泵进行维护保养，同时检查动力电动机的运转情况，检查电动机的三相电的接触情况，应用变频调速技术措施，达到节能的技术要求，保证煤化工生产用泵的安全，达到煤化工生产的基本要求。对轻烃类产品的输送，保证煤化工制烯烃生产的顺利进行。

通过对煤化工机械设备的管理及维护保养分析，有效地提高了煤制烯烃生产设备的使用效率。应采取科学的管理措施，定期对设备进行维护保养，满足煤化工生产的需求。煤化工生产用机械设备比较多，对每种设备的维护保养，均按照设备维修保养手册的要求，仔细认真地完成维修保养工作，保证机械设备发挥巨大的作用，提高煤化工生产烯烃的经济效益。

第二节　煤化工企业全面预算管理

在市场经济的推动下，煤化工行业的竞争日趋激烈。为推动企业的持续发展，企业应当通过科学的预算方式，有效控制企业经费，为企业增加经济效益，提高市场竞争力。全面预算管理的实施，可以实现企业资源的高效配置，更好地满足企业资源能源的实际需求，基于此，越来越多的煤化工企业纷纷引入了全面预算管理机制。本节就针对煤化工企业实施全面预算管理展开较为深入的研究，并提出几点针对性的优化措施，以供相关人士借鉴。

目前，煤化工企业实施科学的预算管理是十分必要的，是企业稳定发展与运作的重要推动力量，并且在煤化工企业中占据着不可代替的地位。煤化工企业要想在激烈的行业竞争中占有一席之地，就应当积极加强全面预算管理建设，不断提升企业生产效率，将煤化工企业的发展提升至全新的广度和深度。

一、煤化工企业实施全面预算管理建设的重要性分析

（一）有利于增强煤化工企业的核心竞争实力

从当前情况来看，煤化工行业，整体发展趋势不甚乐观，一些企业生产的产品销量并不高，影响着煤化工企业收入的提升。对于这类企业，就可引进全面预算管理，有效控制企业各项成本费用，确保企业经济利润的提升，严格监督和管理资源材料和人力资源等，实现资源最大化利用，进而增强企业的核心竞争力。

（二）有利于避免企业经营风险的发生

全面预算管理是一项集体决策的过程，可以有针对性地进行企业各项工作。制订出切实可行的投资或者融资规划方案，可以有效避免资源浪费与流失现象，以免煤化工企业遭受不必要的经济损失。预算编制是全面预算管理工作的重要组成部分，在这个过程中，企业相关管理人员可以充分了解企业实际经营状况，做到实时、动态地检测，准确预测企业潜在的风险，进而提升风险防范的能力和水平。

二、煤化工企业实施全面预算管理中存在的不足之处

（一）全面预算管理体系不完善

现阶段，一些煤化工企业的全面预算管理发展起步比较晚，相关制度体系不完善，执行、监督以及考核等方面的工作难以落实到位，呈现出明显的分散化局面。一些企业虽然实施了全面预算管理，但是预算范围有限，没有贯穿在企业经营活动的方方面面，完善的预算管理组织体系严重缺失，企业内部的营业预算、资本预算等预算管理体系出现了一定的脱节现象，很难有效发挥出全面预算管理的积极作用，难以实现企业既定的战略目标。

（二）全面预算的考核监督机制严重缺失

煤化工企业属于国有独资企业，法人治理结构不完善，一些煤化工企业对考核监督制度的落实不重视。而且在预算管理考核中，被考核方过于侧重客观因素对预算执行情况的影响，并没有对具体责任单位和责任人进行细致的说明。一些考核人员在评价过程中掺杂了许多个人情感因素，缺少配套可行的奖惩措施，考核工作形同虚设。

（三）信息化建设不力，数据之间的信息转换脱节

一些煤化工企业的信息化建设明显不足，严重影响着企业正常的内部信息传递效率，管理者与预算执行单位的信息不对称，很难取得良好的全面预算管理效果，存在着严重的“信息孤岛”现象。而且一些煤化工企业基础设施水平比较低，与全面预算管理的要求相差甚远。还有一些企业虽然引进了先进的办公设备，但是只是利用计算机来进行简单操作，没有配备先进的预算管理软件。

同时，一些煤化工企业以往传统的预算观念较为根深蒂固，在预算中仍然采用较为传统的EXCEL电子表格、手工等辅助工具来进行信息的收集与传递工作。现如今，全面预算管理作用越来越突出，煤化工企业正在朝着精细化模式发展，仅仅依靠传统的办公软件很难确保预算的真实性与有效性。而且传统方法编制周期比较长、数据分析的难度性比较明显，各个报表之间的逻辑顺序较为混乱、无序，尚未构建完善的数据共享平台，难以实现企业相关业务数据、财务信息流之间的顺利转换。

三、煤化工企业全面预算管理的对策建议

（一）积极转变思想认识

对于煤化工企业全面预算管理理论方面的问题，必须要进一步强化管理者对全面预算管理的认识和理解，让煤化工企业管理者能够对全面预算管理的重要性和功能性有充分的认识，从而转变过去的思想观念。基于此，一方面应当逐渐提升全面预算管理理论水平，会计理论界必须要更加深入全面地对预算管理理论进行研究，促进最新研究结果的推广应用，对全面预算管理理论利用各种新渠道进行宣传，确保实务界能够真正落实执行全面预算管理；另一方面煤化工企业领导需要利用各种方式来做好对全面预算管理知识理论的学习，从而在企业经营管理活动中充分发挥出其效能，同时依靠分发宣传册、定期组织专家知识讲座等方式，让企业管理层和财务会计工作者都积极参与，促进全面预算管理水平的提升。

（二）努力做好考核监督

第一，应当进一步促进全面预算管理效率的提升，构建更加全面的激励、监督以及奖惩体系，处理好上下级和企业内部各部门在全面预算管理活动中可能的矛盾。第二，要制定风险抵押金制度，确保各级预算工作人员都主动参与，可按季度或年度实施考核。通过考核给予一定奖励，未通过的给予惩处。对完成预算指标的应当第一时间兑现奖金，未完成的应当根据具体情况实施不同程度的惩罚。第三，制定预算定期与不定期监督制度，在日常考核之后，还需要利用日常财务工作机会，对预算执行具体情况展开充分监督。唯有依托于更加健全的激励、监督以及奖惩制度，才能够促进全面预算管理工作效率的提升，才可以真正做到预算管理工作良性循环。第四，发挥养老领域社会组织的公益服务功能。非营利性特征是社会组织区别于企业的重要特征，社会组织能够保证养老事业的公益性和福利性，从而克服养老领域资金和人员的不足。为此，各发达国家也充分发挥非营利组织志愿者的积极性。如日本，有超过10000个养老志愿者服务协会在从事服务于老年人的工作。大量的志愿者的出现，大大减轻了日本这个过度老龄化国家的

养老负担。

（三）预算与薪酬管理结合

全面预算管理属于企业内部管理的重要环节，对煤化工企业的持续健康发展意义重大。现阶段，影响全面预算管理有序开展的重要问题即是预算管理和煤化工企业薪酬管理活动并未实现有效的对接与联系。因此，未来煤化工企业在实施全面预算管理活动时，首先需要将预算执行的具体情况当成是人力资源考核的关键性指标，让预算管理考核结果和薪酬福利、职位晋升等联系起来，依靠这样的制度来促进全面预算管理活动有效性的提升，也能够让全面预算管理的相关人员主动践行自身岗位职责，真正助力于全面预算管理目标的最终实现。其次是煤化工企业在把预算管理和薪酬管理相对接时，需要真正贯彻执行以人为本的原则，防止实际执行中存在死板僵化思想，制约了职工的积极性和创造性。

（四）优化管理过程与内容

在影响煤化工企业全面预算管理工作开展的各个因素中，预算管理过程和内容是一个非常重要的条件，换句话说，预算管理自身开展情况必然会在很大程度上决定煤化工企业经营管理的效果。因此可以从下面两点出发来对煤化工企业全面预算管理基本过程和内容进行优化。第一是执行过程中必须要强调科学性和灵活性，依靠准确的数据分析来实施预测，从而确保煤化工企业预算的科学编制，不管是自上而下或者自下而上的预算编制活动，都必须要将科学、规范、严谨的要求放在首位；第二是对于全面预算管理的内容要尽可能包含煤化工企业自身生产、经营、管理的全过程。

（五）全面落实制度保障

在煤化工企业进行全面预算管理活动中，应当真正在制度层面确保全面预算管理工作的落实，制定完善的制度体系给予保障。首先，应当在现代企业管理理论的基础上，根据煤化工企业现阶段的实际情况和管理特征，制定出符合其发展情况的全面预算管理制度；其次是应当从组织架构、人员安排以及岗位设置制度等予以支持。比如说从管理层到基层职工，都需要建立有针对性的预算管理制度，进而为煤化工企业充分发挥全面预算管理在预测、监控和调节等方面的作用打下坚实基础。借助于相关制度的设置能够有效促进煤化工企业实施更加科学的预算编制和考核等工作。

（六）推进企业信息化建设

在新时代下，煤化工企业必须要进一步做好信息化建设工作，真正应用计算机信息技术，以会计信息数据作为基础，根据其他管理系统数据来建立煤化工企业信息系统，保证财务信息和非财务信息的真实性与完整性，防止信息孤岛问题的出现，确保企业内部资金流与信息流的整合，促进煤化工企业全面预算管理工作的有序开展。推进信息化建设，能够规避企业各部门之间的信息不对称现象，防止预算松弛问题的出现。在硬件方面，企业应当为各部门配置计算机、扫描仪等现代化办公设备，建立内部局域网，确保信息传输的及时性，在信息沟通平台中，第一时间了解预算管理活动的实施情况，选择符合要求的预算管理软件，促进管理工作效率的提升。

综上，全面预算管理属于现代企业管理方法中的重要内容，其实际执行情况会在很大程度上决定企业未来的发展。煤化工企业要根据实际情况，合理预算，科学开展预算管理工作，提升预算管控水平，做好对预算的事后考核。唯有如此才能真正促进企业管理效率的提升，确保煤化工行业的健康发展。

第三节　新型煤化工建设项目管理

新型煤化工是能源与煤化工技术有机结合而成的新兴产业，主要用于生产清洁能源和煤化工产品，以替代传统的不可再生能源和燃料。可以说，新型煤化工产业的兴起对于减轻我国的环境污染、降低石油进口量，以及解决能源危机问题有着至关重要的意义。本节将论述新型煤化工建设项目管理的影响因素，并提出加强项目管理质量的有效策略，以期减少项目投入成本，提高项目的整体效益。

众所周知，煤炭和石油是我国非常重要的能源，在人们的生产和生活中扮演着不容忽视的角色。这些传统能源在长期的开采过程中已经日渐枯竭，如不采取措施加以改善，将会引发严重的能源危机，届时将会对国家的安全以及社会的稳定产生极为不利的影响。新型煤化工产业的兴起很好地解决了这一问题，保证了人们生产生活的连续性、稳定性，然而在新型煤化工建设项目管理上仍然存在一些不足，需要煤化工企业加强项目管理，保证项目施工安全、有序地顺利开展。

一、新型煤化工建设项目管理的影响因素

一般来说，新型煤化工建设项目管理的影响因素包括环境因素、技术因素、管理因素和文化因素。环境因素是指近年来我国经济体制发生改革，由计划经济向市场经济转变，买方的需求逐渐占据主导地位，对煤化工企业也提出了更高的要求，这对项目管理工作产生了一定的影响。技术因素是指当前我国在项目管理上的法律法规和技术标准尚

未完善，有些管理工作仍然需要企业摸索前行，管理效率难免会大打折扣。管理因素是指煤化工企业的整体管理不尽人如意，存在较大的改进空间，管理人员的素质和能力都不能满足煤化工建设项目的实际管理需求。文化因素则突出了企业领导对于项目管理的重要性，如果领导不能正视项目管理的重要性，一些重要的管理举措也很难落到实处，那么造成的不仅是企业资源的浪费，而且会影响到项目的建设效果。

二、加强新型煤化工建设项目管理的方法

（一）打造科学的项目管理体系

科学、合理的项目管理系统是新型煤化工建设项目管理的管理根据，可以成为管理工作的重要参考，为所有员工的工作提供依据，同时可以加强各个部门之间的沟通，推动项目建设的进度，从整体上提升项目建设效率。项目管理体系的建设需要依靠一批高素质、高水平的管理人才，这就要求煤化工企业要注意人才的招揽，建设优秀的管理队伍，以达到项目管理的要求。

（二）树立生产、建设不分家的意识

生产和建设虽然是两个工种，但是联系非常紧密。新型煤化工项目建设是为了满足不断扩大的生产需要，提升生产效率。为了达到这一目标，要让生产人员也参与到项目建设过程中，对施工情况进行苛刻的把控，介入设计及施工过程，这样一来既可以帮助生产人员更好地了解项目，还可以减少项目建设和生产之间的不适应，降低煤化工企业的成本，使投料试车更加顺利。

（三）坚持以业主为中心的全面管理

为了让项目在计划的时间里完成，煤化工企业常常将项目建设各个环节分包出去，设计、采买、施工通常由不同的团队负责，这无疑加剧了项目管理工作的难度。一般情况下，项目管理囊括安全管控、质量管控、成本管控和进度管控，如果让不同的管理团队对各个环节进行分开管理，很容易使管理力量分散，难以取得良好的管理效果。构建以业主管理为中心的管理体系，可以将资源有效汇聚，将业主的需要视为目标，项目的设计、采买、施工都由总承建单位包揽，当出现问题时就可以在第一时间落实责任人，并且总承建单位通常都配置有高效的管理部门，可以很好地完成项目管理任务。

（四）坚持以人为本，质量至上

在项目管理中，业主管理最重要的是对项目建设质量的管控，工程质量不仅关系到日后企业的平稳运行，还与企业工人的安全息息相关。所以在质量管控中，一定要始终

以业主为中心，形成施工单位、监理和业主多方位的质量管控体系。

（五）强调成本控制

煤化工企业应该选用目标成本法来管控项目成本，将成本管控的目标具体落实到每个部门，让每个部门的职工认识到成本控制与自身利益之间的紧密联系，要时刻将企业的利益放在心上，在工作中要杜绝不必要的浪费现象，保证项目造价尽量不超出预、概算，以此实现压缩投入成本的目的。

（六）建立信息化管理平台

现代企业要想更好的发展，离不开信息化建设，同时信息化建设也可以在很大程度上提升项目管理的水平，可以让信息的交流更加方便、迅捷，在第一时间为项目建设提供最新的资料。煤化工企业应打造信息管理体系，其中包含进度管控、投资和合同管控、采购管控、质量监管、资料管理以及协作平台，这样一来项目管理更加现代化、规范化、标准化、及时化，可以有效地提高管理效率，为项目可以收获更大的收益提供有力保障。

新型煤化工建设项目管理的质量关系到整个项目的效率和安全，只有建立完备的项目管理体系，真正重视项目管理，使用高效的管理手段降低项目风险，才可以压缩工程造价，确保工程安全和各方利益。所以项目的参与单位要主动担负起各自的责任，严格依照管理规范办事，建设高质量的新型煤化工项目，更好地推动我国新型煤化工产业的发展。

第四节　煤化工企业安全生产管理

煤化企业要注重安全标准化作业，只有将安全放在第一位，全面落实安全生产管理，并针对安全问题采取有效地管理措施，才能提升安全系数，促进效率提升。因此本节重点对增强煤化工企业安全生产管理对策进行了探究。

一、煤化工企业安全生产管理存在的问题

（一）管理人员安全意识不够

目前，煤化企业在安全方面的事故时有发生，主要原因还在于管理人员的安全意识较低，安全生产方面的问题层出不穷，甚至有些煤化工企业往往注重生产，却忽视了安全生产管理，导致很多安全问题的出现，有些管理人员仅仅一味地去重复一些基础性的工作，没有从根本上认识到工作中所涉及的安全问题，长此以往将会使得很多安全管理

问题形成形式化的内容，逐渐将安全生产管理成为表面性的业务，没有从思想认识上给予高度的重视，使安全管理失去其应有的作用。煤化企业的管理人员要有安全管理意识，注重对安全生产加大改革的力度，注重员工在实践中操作的规范化，才能使工作达到一定的效率，最终防止一系列的安全事故发生。

（二）管理资金投入严重不足

煤化企业一般注重生产经营却忽视安全管理，特别是充足的资金投入的匮乏，使得企业难以实现有效地经营。现阶段我国煤化企业在项目审批过程中，没有注重相关建设内容，也没有注重相关项目审批工作，大部分的相关项目审批没有足够的管理资金，这样就会使煤化企业为了节省相关成本选择一些质量较低的材料，使安全隐患增加并严重地阻碍企业发展，甚至有些煤化企业并不能给员工购买社会保险，导致员工在出现安全事故时难以有相应的医疗救助，在出现较大安全事故时没有全面的经济补偿。

（三）管理责任制落实不到位

管理责任制度没有从实践出发，将会影响到煤化工企业的安全管理；管理责任制度得不到有效落实，将会阻碍企业的继续生产。目前，煤化企业在实践生产中并没有高度重视安全生产管理责任制，没有执行一系列的安全生产管理，导致管理人员的效率较低，很多具体的细节问题难以实现有效管理。就现阶段管理方面来看，安全生产管理仅仅是一种程序化的问题，很多表面上的内容难以落实，导致具体的安全生产管理工作难以从实际出发，使得煤化企业在管理责任上难于落实，安全落到实处才能避免相关安全事故的发生。安全管理中要全面落实相关内容，注重从细节中详细审查安全隐患，从细节处着手，排除安全方面的隐患，才能使得企业安全管理落到实处。

二、加强煤化工企业安全管理的措施和建议

（一）完善安全制度体系，认真落实安全生产责任制

进一步健全管理体系。在明确职责、细化任务、完善措施的基础上，优化煤化工作流程，应当建立“分级管理、分线负责”的管理机制和“横向到边、纵向到底”的安全管理网络体系。同时，应组织煤化工企业员工加强制度学习宣传，狠抓制度贯彻落实，严格按照制度规定开展工作，以制度规范安全生产行为，提高落实制度的执行力。

（二）开展危险源识别和风险评价工作

从设计阶段的工艺包设计、基础工程设计、详细工程设计都分别进行 HAZOP 分析，不仅有利于建设本质安全型工艺过程，更能节省投资费用。随着现代企业生产规模的大

型化和工艺、产品的复杂化，事故的发生概率和危害程度大大增加，其中工艺安全事故（设备故障、设计缺陷、运行条件错误、危害控制失效、人为失误等）容易导致重大生产安全事故并产生灾难性后果。运用 HAZOP 技术，在事故发生前识别出潜在的危险，继而采取有效的预防措施，则能有效地降低风险。

（三）加强应急管理工作

建立和完善应急救援体系。建立应急组织机构，加强应急预案体系建设，认真编制以公司综合应急预案、专项预案和各中心现场处置方案组成的三级应急预案体系，应急预案应确保其切实可行，应根据已发生的实际情况及时进行修订。制定定期岗位应急演练方案和定期演练制度。应急演练应有计划，每年应至少组织公司演练两次。应急物资管理应纳入应急管理当中，应急物资应定期检查。应定期进行应急相关知识的专业培训，如普及 CPR 等技术。

（四）强化岗位人员技能培训和安全知识的培训

在强化实习培训的基础上，企业同时应该挑选各专业优秀管理人员进行操作规程等专项技能授课，开展实习学员相互讲课，进行 OTS、LIMS、PMCC 等系统的实际操作培训，以便全方位的培训和教育能够提高岗位人员操作技能和自身安全意识，大大提高本质安全基础；认真严格组织全员三级安全教育。

（五）加强煤化工企业安全标准化管理

积极有效开展安全标准煤化工作，可以帮助企业有效落实安全生产主体责任。同时，开展安全标准煤化工作，也是企业提高安全管理水平和改善安全生产条件的有效手段。企业应不断做好安全管理工作，按照标准化要求，最大限度地保障员工生命安全和身体健康。这样，煤化工生产企业才能实现持续健康发展，为经济社会的进步做出更大贡献。

在煤化工企业的生存和发展过程中，安全生产管理问题是制约企业生产发展的首要问题。只有提高安全意识、加强安全管理，及时监测和消灭安全隐患，才能实现无事故安全生产。保持生产高效率平稳运行的同时保持无事故发生也是煤化工企业管理的一项重要工作。我们应从加强制度建设、开展风险辨识工作、加强应急管理工作、认真落实安全培训工作、加强安全标准化管理等多方面科学高效地做好安全生产管理工作。

第五节　煤化工产业生产设备管理

随着经济和社会的发展，化学工业生产对油气资源的需求量日益增加，但我国石油资源却相对缺乏，而煤炭资源又比较丰富，所以发展煤炭化学工业，用煤炭替代石油成为重要的煤化工原料是解决我国石油资源短缺的一种重要方法。近年来，我国煤炭化学工业的生产规模不断扩大，为了提高经济效益，很多煤化工企业都提高了其生产过程的自动化程度，使得煤化工生产工艺对设备的依赖程度也越来越大，这一方面提高了煤化工企业的生产效率，但另一方面也带来了一定的管理难题。

为了建立高效的煤化工生产秩序，给安全生产和环境保护提供保障，除了需要研究更加先进、安全的煤化工生产技术外，还要加强对生产设备的管理，特别是在我国当前的工业生产中，设备费用占了生产总成本的30%以上，而这种情况在短时间内难以改善，这就更使工作人员必须将煤化工生产领域的研究重心锁定在生产设备的管理上，以提高设备效能，实现煤化工高效节约化生产的目的。

一、煤化工产业生产设备管理的现状分析

（一）设备管理的理念陈旧，管理职责分工不明

由于历史原因，我国有相当数量的煤化工企业的生产管理理念只是简单地套用了石化行业的管理模式，其生产管理和设备管理没有做到统一，造成实际管理过程中存在相互推诿的现象，不能达到系统化、全面化地分析和解决问题。当前我国煤化工产业的设备管理理念总体还比较落后，主要以事后维修为主，在设备故障管理上轻预防重修理，问题发生后，只能分析到表面问题，深层次的原因分析不清，没有很好地把所有设备管理起来，而一线生产人员又缺乏主动改善的意识，对生产设备的性能和特点不熟悉导致对设备管理存在缺陷，造成企业的自动化系统和信息化系统在设备维护管理中并没有真正发挥作用。同时，虽然煤化工企业大多都对生产设备实行定期检修，甚至在一些关键设备上装设有设备运行状态实时在线监测系统，但由于设备管理理念主要还处于事后维修管理阶段，对设备故障无法做到及时、准确地预测，当设备突发故障导致生产秩序被打乱时，设备检修人员经常累到疲惫不堪。因为生产管理和设备管理没有做到有效统一，造成一线生产人员和设备管理人员之间存在障碍，设备管理人员不关注煤化工生产工艺的操作和流程，而工艺过程中的设备问题又不能及时解决，这直接会影响到设备的技术升级和改造。

另外，设备管理流程还有待改善，设备管理层级部门之间存在职责不明确、办事效率低等问题，这也是限制生产设备管理提升的一个重要原因。

（二）人力资源培训投入不足，设备人员维护水平参差不齐

煤炭化学工业是一个集技术、资金密集型的新型化学工业，由于技术复杂，涉及专

业多，造成生产管理难度大。而很多煤化工企业依然沿用传统的人事管理模式，这制约了煤化工企业的快速发展。当前我国许多煤化工企业还没有形成良好的人力资源开发环境，在生产设备管理人员培训方面的投入与企业当前快速发展建设不相称。即使部分企业重视对设备管理人员的培训，但也存在培训过程中缺乏监督、培训结束后缺乏效果反馈的现象。因为设备各专业的培训力度不够、培训人员水平不高等因素，造成设备管理人员的水平参差不齐，整体水平偏低。虽然部分年轻人有激情有干劲，但因为受限于自己的技术经验，还不能很好地指导设备使用操作和检修维护工作，导致故障频发，严重影响了设备管理水平的提升。

二、煤化工产业生产设备管理的目的与内容

（一）设备管理的目的

良好的设备管理水平可以使煤化工企业的生产效率得到明显提高，还可以降低生产能耗，使生产成本得到显著降低。在煤炭化学工业的生产过程中，良好的设备管理水平可以降低设备的故障率，减少因设备停产造成的损失，进而可以在很大程度上减少企业的生产成本。科学的设备管理还能保持生产的连续性和稳定性，充分发挥生产设备的潜能，对保证企业增加产量、保持质量具有决定性的作用。一般情况下，煤炭化学工业的生产环境大都是高温、高压、存在一定的有毒有害的气体，在生产过程中容易出现安全事故，如果检修工作不能做到绝对安全，不能有效识别危险源，那么就可能给安全生产埋下隐患，造成设备或人员的损失。

（二）设备管理的内容

在设备管理上，首先要考虑的就是操作人员的技术水平问题，要努力提高一线生产人员对设备性能和特点的了解，提高他们自主管理的意识。在实际的操作当中，应该考虑到不同生产设备的不同特点，进行科学管理，把操作责任分配给每一个人，使每一个人都准确明白自身的责任特点，自觉进行遵守。随着科技的不断进步，应该让生产设备操作人员的自身能力也不断加强，强化设备管理意识，及时发现煤化工生产工艺中存在的设备问题，并将这种问题主动反馈给企业的设备采购和维修部门，从而为后期的设备升级或技术改造打下坚实的基础。

另外，还需要建立一套行之有效的设备管理模式，对设备实现专业化管理。通过建立一支素质过硬的专业化维修队伍，并加强对设备的专业点检和巡检工作，实现预防性维修，确保设备能够始终运行在“健康”的工作状态下，减少设备故障的发生概率。

三、煤化工产业生产设备管理的强化措施

（一）创新设备管理理念

在煤化工企业生产中，生产设备的管理直接影响着生产效率，也直接关系着煤化工企业的经济效益。然而，传统设备管理理念已经无法满足自动化生产设备的管理要求，为了更好地加强对生产设备的管理，煤化工企业应在结合生产工艺流程的基础上，对生产设备管理理念进行创新，以确保新的生产设备管理理念能够符合自动化生产设备的管理要求。对生产设备管理理念的创新应从两个方面考虑：第一，煤化工企业应将生产与设备进行统一管理，并对企业员工的综合素质进行培养，要求设备管理人员对生产工艺有一定了解，而生产人员要对设备的性能有一定了解，以便提高生产设备管理效率。第二，煤化工企业不仅要重视对煤化工装置的管理，也要加强对生产设备等其他设备的管理，并依据先进设备管理标准，对生产设备管理水平进行提升，以便更好地提高煤化工企业的生产效率。

（二）制定完善的设备管理制度

在煤化工产业生产中，制定完善的生产设备管理制度，不仅能够提高生产效率，也能够保证生产设备运行的安全性。在制定生产设备管理制度过程中，煤化工企业需要先针对生产设备建立相应的数据库，用以记录生产设备的运行数据，并依据对设备运行数据的分析，分类储存设备检修工具，以便保证对生产设备的检修能够及时。另外，煤化工企业还应制定相应的例会制度，针对生产设备的使用情况，鼓励设备管理人员和生产人员提出自己的见解，以便更好地提升煤化工产业生产设备的管理水平和效率。

（三）实施安全生产责任制

在煤化工产业生产中，安全生产责任制的实施，不仅能够保证生产设备的正常运行，也能够提高生产设备使用的安全性。在生产过程中，安全生产责任人应对生产设备管理工作的开展进行严格监督，并将安全生产责任制落到实处，将生产与设备的管理工作落实到个人，以保证煤化工产业生产的安全性。

（四）加强对设备管理人员的培养

为了保证煤化工产业生产效率，煤化工企业应结合生产工艺和生产设备的使用情况，针对生产设备安全使用和维护等知识，以及较为常见的设备运行问题和解决措施，对设备管理人员进行培养，以便在此基础上提高生产设备管理水平。另外，为了更好地开展生产设备管理工作，煤化工企业还应定期对设备管理人员所掌握的技术进行培养，并组

织管理人员学习新设备管理技术、新检修仪器的使用等知识，以便提高设备管理人员的业务水平。

在煤化工产业生产中，采取科学的管理方法对煤化工产业生产设备的管理进行加强，并在此基础上提高生产设备管理水平和效率，不仅对提升生产效率、降低生产成本极为有效，也能够增加煤化工企业所获得的经济效益，从而为煤化工企业的发展提供保障。

第六章　煤化工生产中的安全与环保问题

第一节　煤化工安全生产及管理对策

本节针对新环境下煤化工生产的特点，集中讨论了煤化工安全生产和管理的现状以及解决对策。

煤化工企业由于生产过程中具有易燃易爆和化学污染、腐蚀性的特点，再加上生产环境通常是在高温高压下进行，生产程序复杂多变，对科技和工艺要求极高，一旦任何一个环节出问题都有可能造成安全事故，因此煤化工企业的安全生产是关系社会稳定、环境污染和经济进步的重要问题。

一、新时期煤化工安全生产和管理的重要性

我国的煤化工企业经过几十年的发展，取得了一定成效，尤其在工艺流程和经济效益方面，极大地促进了科技的进步和经济的发展，推动了社会的跨越式发展。但是煤化工企业本身具有一定特殊性，属于危险性行业，因此安全生产始终是煤化工企业首要考虑的问题。当前我国对企业的经济发展、环境保护以及社会效益都提出了更高要求，尤其是工农业产业结构调整的大背景下，推进煤化工企业的安全生产和管理，坚持与时俱进的生产和管理模式，是煤化工企业寻求长远发展的必然途径。

二、当前我国煤化工企业安全生产和管理中存在的问题

（一）安全理念低是主因

尽管现阶段安全生产引起了越来越多煤化工企业的重视，但是由于长期对安全问题的忽略，导致部分企业的安全生产缺乏制度保障，安全生产和管理制度不够规范，执行不够有力，领导层对安全生产的认知缺乏创新性，种种因素导致企业的安全生产始终停留在纸上谈兵的阶段，根本没有行之有效的制度和政策。尤其是在小规模的煤化工企业中，追求经济效益被放在首位，对安全生产缺乏足够的认识，为了节省生产成本，部分

企业并没有配备安全生产员，对普通职工缺乏必要的安全生产知识培训，导致生产过程中存在的安全隐患越拖越久，从小隐患积累成大隐患，最终酿成重大安全事故。

（二）生产设计不够规范

生产设计是煤化工企业正常运行的基石，科学规范的生产设计是煤化工企业安全生产的技术保障。但是现阶段我国煤化工企业普遍存在生产设计不够规范的问题，主要表现为设计人员技术水平不足，生产程序存在明显技术缺陷，导致设计方案缺乏合理性，一旦投入使用就会带来很大的安全隐患。

（三）员工缺乏安全意识

煤化工业是我国经济发展中的重要环节，但是由于区域经济发展的不平衡，部分地区的煤化工企业规模较小，为最大化地实现企业经济效益，小规模煤化工企业在人才招聘方面门槛较低，大部分员工文化水平一般，技术水平不高，安全生产观念淡薄，安全设施的操作能力较低，生产过程中经常出现违规操作的情况。

（四）设备隐患严重

煤化工企业对生产技艺和设备具有一定要求，尤其是随着科学技术水平的提高，生产设备的更新对企业经济效益起着至关重要的作用。但是生产设备同时也是煤化工企业安全事故频发的重大祸首之一。由于煤化工企业处于长期生产状态，部分机器设备常年运转，使用频率过高，而停工维修次数较少，导致设备负荷过重，出现各种技术问题，如，噪声过大、漏油漏水、非正常振动等现象。老旧设备缺乏定期检查维修的机会，而更新设备又会增大生产成本，这就导致老设备不到报废不停工，这个过程同时也是安全事故高发的过程，大多数安全生产事故都和生产设备的老化严重存在必然联系。

（五）工艺隐患

煤化工企业生产必然离不开化学实验，而实验过程中总会出现各种实验事故，如化学反应失控、仪器保障、化学品渗漏等，这就对煤化工企业的生产工艺提出了较高要求，在原料投放比例、实验速度、实验顺序和温度、气体控制、溶液纯度等有关的化学参数必须确保在安全范围内，一旦员工操作出现纰漏都可能引发安全事故。因此要提高工艺的本质安全度。

（六）危化品运输紧急切断

危化品运输事故会造成严重的经济损失和人员伤亡[7]。当前我国对危化品运输的管理存在一定漏洞，危化品车辆是否具备运输资格证，驾驶员和押送员是否具有公路运输通

7　高慧涛 . 浅析化工机械设备管理与维修保养 [J]. 环球市场 ,2017(8):84.

行证和岗位资格证书都需要加强管理。另外，车辆灌装容器要符合安全运输要求，车辆要配备可以遥控的紧急切断阀，一旦发生事故人员不进入现场就可以及时封闭危化品车上的装置阀门，防止危化品外泄，减少人员的伤害和防止事故的扩大。

三、完善安全生产和管理的有效措施

（一）推行标准化生产

安全生产标准化是指保证安全生产活动的秩序化，保障安全管理和生产条件达到法律法规、部门规章和行业规定的标准。安全生产的标准化要通过制定安全生产责任制、安全生产管理制度以及安全操作章程进行。有数据表明，安全生产标准化正常运行的企业事故率大幅下降。

首先，建立安全生产标准化机构，设在安全管理部门下，由企业一线领导担任机构一把手，各部门抽调专业人员负责安全生产标准化的操作执行，排查生产过程中安全隐患和治理隐患，排查重大危险源，在每条生产线上建立预防机制，对生产过程进行规范要求，保证每个生产环节符合国家安全生产法律法规的要求。

其次，制定标准煤化工作体系，明确安全生产标准化的目的，循序渐进推进标准化运行，遵循《企业安全生产标准化基本规范》《危险化学品从业单位安全标准化通用规范》，结合企业实际情况，制定符合企业需求的安全标准化管理条例。

再次，健全企业安全标准化管理制度。通过标准化安全生产制度以及操作章程对员工作业、操作进行规范，纠察企业中存在的习惯性违章行为。明确安全生产责任制，制定安全生产会议制度、培训教育制度、业绩考核制度、员工作业评价制度和风险管理制度、危险源管理制度等。

最后，建立健全的监督和评价机制，对安全生产条例的执行情况进行审查，明确不同管理层的安全责任，定期排查安全隐患，同时要定期对各个车间的电气、机械设备和工艺组织专业人员进行监察，对排查出的安全隐患要责任到人，以安全隐患整改通知书的形式下发给负责部门，对整改情况进行动态跟踪监督，明确隐患的诱因，并进行及时的修补和改进。没有按期完成整改任务的部门要接受相应处罚。

（二）加强企业对安全生产和管理的重视度

加强领导层对安全生产和管理的重视度，尤其是部分中小型煤化工企业，不能盲目追求经济效益，而应把安全生产纳入企业整体规划和管理中，从上而下地重视安全生产问题。

（三）加强对员工的安全生产培训

首先，加强对企业管理层的培训，不仅要强化安全意识，更要培训安全管理的种种规章制度，让管理层对安全生产和管理的相关政策有深入了解，坚持以人为本的理念，建立规范的管理条例，让安全生产的规章制度更加人性化。

其次，对员工进行培训，提高员工安全操作技能，要求员工在实际工作中要严格按照设备和工作流程的标准进行，严格化学物品存放、接触和保存程序，规范仪器设备操作手续。尤其是中小型煤化工企业，要定期对员工进行岗位职能培训，提升职工专业操作技术。

（四）及时更新工艺和设备

首先，严格管理煤化工设备，对设备和机器的使用情况进行档案管理，根据购买年份、使用年限、维修次数综合考虑设备的使用寿命，一旦出现损耗情况要及时停工修复，出现较为严重的机器故障要及时更新。对特殊设备要进行登记注册，操作和维护要由专业技术人员进行。

其次，加强对化学原料的管理，由于部分化学原料具有易燃易爆和重污染的特性，因此原料的购买、保存要严格遵守其化学属性，对仓库的物理属性，如隔音、防潮、光照等情况进行明确规定，定期检查仓库。

最后，投入资金对生产工艺进行改造，生产过程的自动化升级改造，增加连锁程序，减少用工，在各个生产车间配备防护用品和紧急救援器材，在厂区内设立安全事故逃生通道等。

第二节　煤化工安全生产与环境保护管理措施

当下我国工业化的迅猛发展，特别是在利益至上的社会背景下，很多企业、单位都面临着环境和效益之间的抉择，特别是一些煤化工生产企业，在生产的过程中很多都是比较重视自身的经济效益，完全忽略了对环境的保护工作，那么在一定程度上就会对全球的环境产生影响，甚至会形成资源的短缺或是空气中含有有毒气体等一些严重现象。而且煤化工生产企业在生产过程中会出现很多的废弃物质，那么这些废弃之后的物质就会对我们的空气和河流产生很大的影响。因此，高效整治煤化工产业的废气废渣排放是当下必须要解决的问题。

煤化工企业在生产过程中经济效益最大化是发展过程中的重要目标，因为煤化工企业与其他一些企业之间有着一定的差异性，生产过程中会有大量的废弃物质，给我们的生活环境带来一定的破坏和影响，使社会的可持续发展动力受到限制。另外，目前很多煤化工生产企业因为缺少一定的安全管理模式，导致很多事故发生，给煤化工企业也带来了很大的损失，还有很多企业缺少对环境的保护意识，给我们的生活环境造成了一定的破坏。针对这样的现状，需要积极地强化煤化工企业的安全生产和环境保护的工作。

一、煤化工安全生产与环境保护的必要性

煤化工生产就是利用一些化学模式对生产的产品进行加工，煤化工行业有着悠久的历史，在我国国民经济中占据着十分重要的位置，随着科学技术的发展和进步，人们对煤化工产业生产的关注点已经由以往提升工业产量中的利润转移到了目前对人们的安全和环保以及健康等一些问题中。煤化工生产过程中对空气形成的污染是巨大的，会严重影响环境的健康和生态系统的平衡。例如会形成酸雨、温室效应或是沙化等一些现象的发生，这些都严重地制约了社会进步与发展，这众多的问题都与煤化工企业中的安全环保密切相关。那么企业相关制度的运用可以严格控制废物排放的标准，积极采用一些措施来提升大气的自净能力，高效保护我们生活的大环境。

二、完善煤化工安全生产的管理措施

（一）健全安全管理制度

想要高效的保障煤化工安全生产的质量，就需要相关的工作人员设计出健全的安全管理制度。从目前我国煤炭煤化工企业的生产情况来看，安全事故并没有完全杜绝，因为安全管理制度不完善引发的生产事故还有很多，针对这样的隐患缺少重视和关注度，使得煤化工产业事故的发生率只增不减。因为这种安全管理上的欠缺，相关的工作人员必须做好一系列的评估，完善和强化安全质量的管理和控制，在满足生产安全的前提下对其进行加工生产。另外，在完善安全管理制度设计的过程中需要和煤化工生产中具体的情况进行融合，进一步分析和研究煤化工安全生产隐患的排查，这样才可以有效地将煤化工生产中的安全隐患和风险消除。

（二）实施员工安全培训

煤化工生产工作人员的安全意识直接关系着煤化工企业的生产安全，那么在这种情况下就需要企业内部对员工进行培训，以此来提升工作人员的安全意识，在实际工作中还需要进一步强化生产安全的法律法规学习，定期对在职员工进行相关的岗位技能培养，另外还需要让员工们积极地参与到各项加工生产的活动中去，利用多种活动和培训模式

提升员工实际操作的能力和安全意识。

（三）加强设备安全检查

在煤化工生产实际的操作过程中，设备的高效利用是其生产工作中的重点，但是煤化工设备因为长时间的利用，特别容易出现设备老化和破损等一些情况，这就会很大程度上的影响煤化工生产的效率，同时也存在较多的隐患。为了有效地使煤化工设备得到一定的保障，那么就需要做到：增加对设备的检修和保养，定期对设备进行维修，在使用的过程中发现问题及时进行检修处理，对一些较老的零件及时进行更换等等。另外，还需要相关的工作人员创建设备安全管理体系，融合当下煤化工设备的使用情况制定相关的制度。

（四）注重安全事故防范

当下我国煤化工企业在生产的过程中，很多企业都认为规范的操作形式就可以避免安全事故的发生。这种认识使得很多煤化工企业在生产过程中不愿意对一些设备进行及时的更新，还是运用以往传统的生产工艺形式。那么当事故发生的时候，一些管理人员就会认为是工作人员操作不当造成的，但是结合实践发现，工作人员在实际的操作过程中错误操作和化学反应失控是形成事故的重要因素，但是在事故发生率中化学反应失控率的比例是高于员工操作错误的，这种问题产生的原因就是生产工艺落后，所以，需要相关的工作人员对其进行及时的整改，严格防范安全事故发生。

三、煤化工生产环境保护管理的措施分析

在煤化工生产企业中，环境保护管理工作是当下煤化工企业进行生产过程中必须考虑的一个问题，其直接关系到各大煤化工企业的可持续发展动力，对企业未来的影响可以说是巨大的。另外，煤化工企业生产过程中是否重视对环境的保护，对环境保护工作也有着十分重要的意义。那么增强煤化工生产企业中的环境保护管理措施，需要对以下内容进行把握。

（一）重视环保宣传工作

很多煤化工生产企业之所以不重视对环境的保护，反而还破坏得越来越严重，首先是因为很多员工环保意识并不强烈，其次是因为煤化工生产的技术水平比较低。所以，管理人员需要从这两个方面来强化煤化工企业生产对环境的保护。政府和相关工作部门需要积极地引导和带领煤化工企业对环境保护的重视，定期对一些煤化工生产企业的员工进行环境知识的讲座或是论坛，让煤化工企业的管理部门意识到环境保护的重要性和

必要性，然后让企业管理人员建立环境保护的相关条例，另外还需要让全体工作人员必须严格地按照条例进行一系列的工作，管理部门还可以绘制环境保护的宣传海报，贴在比较醒目的位置，以引起员工的重视。定期开展环境保护的知识竞赛，从而有效地提升工作人员对环境保护的意识。

（二）加强相关制度建设

对于一些煤化工企业在生产过程中环境污染的状况来看，因为很多相关的法律制度比较欠缺，在对一些违规企业的惩罚过程中缺少一定的约束力，随之还助长了一些煤化工生产违规企业的气焰[8]。针对当下这种形式，相关管理部门需要建立严格的规章制度，然后将其置于足够高的位置。一旦煤化工企业在生产过程中出现环境污染问题，在整治的过程中需要有法可寻、有理可依，切合实际地对一些煤化工生产企业中的环境污染问题进行解决。另外，建立相关制度的过程中需要重视煤化工生产企业的实际情况，然后依照实际情况进行掌握，高效地将环境保护融入实际的工作中，对于一些煤化工企业环境问题的发生给予全方面的规范制度，使得该制度可以成为煤化工生产企业中环境保护管理的准则。

（三）做好排污监督管理

煤化工企业在生产过程中的排污处理模式需要达到相关的标准，为了有效地避免排放的废弃物品对人们和田地以及环境产生污染与破坏，在实际操作过程中是需要相关的政府和企业以及社会这三方面进行合作，另外还需要煤化工企业对排污的设备及时地进行更新，保障排污设备有先进的技术能力，让其可以在实际的生产过程中满足发展需要。政府职责部门需要在这一过程中做好主导性的工作，及时对一些煤化工厂生产过程中排污情况进行管理。因为企业单位自身就是排污的主体，在实际操作过程中需要意识到对环境保护的重要性和必要性。社会需要对煤化工生产企业进行监督，强化和提升各大煤化工企业对环境保护的意识，积极有效地避免对生态环境带来的影响和破坏。

（四）做好废水废气废渣安全排放监督管理

废水废气废渣属于危险废物，在排放的过程中需要将其稳定化和固定化，在经过稳定化和固定化以及经过毒性检测合格之后，使用密闭的运输工具将其送至安全填埋场或者是卫生填埋场将对其进行处理，条件允许的情况下，也可以利用标准的处理方式将其进行处理，有利于环境的优化。

很多煤化工企业生产过程中所需要的能源都是不可再生能源，所以就必须科学合理地运用这些资源，严格地对其进行控制，另外在煤化工生产企业中地安全生产和环境保

8　王业臣．化工机械设备故障及事故 [J]. 科技创业月刊 ,2016,29(17):120-121.

护这两者都是十分重要的工作内容，因为在煤化工产业生产的过程中存在较高的事故发生率，如果对企业形成负面影响是非常严重的问题，因此，企业内部需要正确地进行安全生产，以及进一步的对环境保护进行重视，这样才可以将存在的安全隐患和环境保护有效的解决。另外还需要以安全生产环保的角度进行分析和研究多种负面的影响，探究出可以为煤化工企业建设稳定和安全以及环保生产环节的相关解决措施。

第三节　煤化工生产过程中的废水处理方法

在工业生产的过程中，企业会排放出废水。随着人们认识、观念的进步，大众已经意识到环保的重要性。煤化工企业排放的废水会对水资源造成严重污染，进而影响到人们的生活。因此，本节将主要介绍煤化工企业产生的废水情况以及几种处理和控制的方法，即在排放废水前对其进行处理，以减少废水中的有害物质，降低对环境的污染。

随着人们环保意识的提高，大众已经认识到煤化工废水对环境的污染，因此，处理废水便被纳入了煤化工企业的生产过程。然而，由于技术、经济等条件的限制，很多煤化工企业或是不愿投入时间和金钱，或是技术存在局限性，这些企业最终排放的废水达不到国家标准。而彻底控制煤化工废水，必须从源头上予以控制和处理，改进技术、管理模式、设备等，以便有效治理煤化工废水。

一、煤化工废水的特点

（一）水质成分复杂，污染物种类多

煤化工废水是煤化工厂排出的生产废水。多数煤化工企业的生产过程包括多种化学反应，在生产过程中，当反应不完全时，副产物、使用的各种辅料和溶剂等就会进入废水中，如此，废水就变得成分复杂。

（二）BOD 和 COD 高

煤化工废水尤其是石油煤化工废水，有机酸、醛、醚、酮、醇和环氧化物等物质含量较多，特点就是 BOD 和 COD 含量较高。当这种废水被排放入水体后，在水中会进一步氧化分解，消耗大量水中的溶解氧，威胁水生生物的生存。而这两种物质含量较低时，可生化性又比较差，难以实行直接的生物处理。

（三）有毒有害特征污染物多

煤化工废水中含有许多种污染物，包括氰、汞、砷、酚、铅和镉等有毒物质，多环

芳烃化合物等致癌物质，以及无机酸、碱类等腐蚀性、刺激性的物质。且有些废水的温度和色度都比较高。

二、废水处理技术

（一）物理处理法

所谓物理处理法就是把废水中的不溶物、悬浮状态的污染物进行回收利用、分离处理。由于其物理性能不同，又可以分为重力分离法、筛滤截流法以及离心分离法等。

（二）化学处理法

化学处理的方法是通过一定的化学反应，清除溶解在废水中的胶体状态的污染物质，或者直接通过反应将废水中的有毒有害物质置换转化生成新的无毒无害物质。例如，通过添加化学物质产生的化学反应（常见的中和反应、氧化还原反应以及混凝反应等）。在试验化学方法处理煤化工废水的过程中，所使用的设备都具备配套的水池、灌、塔和一些辅助设备。

（三）物理化学法

以这种方法来处理废水时，不单单涉及化学作用，而且还具有相关的物理作用，故称为物理化学法。它是一种将物理作用与化学作用相结合的污水理化处理方法来净化废水。这些方法主要包括萃取、汽提、剥离、吸附、电渗析、离子交换和反渗透等等。使用该方法前，先应该对废水进行预处理，去除废水中的油、悬浮物和有害气体等，必要时还需要调整 pH 值。

（四）生物处理法

生物处理法的机理是通过微生物的代谢作用来完成，去除废水中的微量悬浮物、胶体溶液态有机污染物质以及通过转化的方式使其变成无害无毒的物质。

三、废水三级处理流程

（一）一级处理

对废水进行一级处理，主要目的是去除废水中的悬浮物质、调整废水的酸碱度等。主要采用的方法有自然沉降法、滤网过滤法、浮选法、油水分离法等。经一级处理后，污水还不能达到正常排放标准。因此，通常还需要进行二级处理和三级处理。

1. 筛滤法

筛滤法主要是去除废水中悬浮污染物的一种方法。使用此方法会经常使用格栅和筛网等基础设备。格栅作用主要是控制污水中大于网格间隙的悬浮物质。通常情况下，将其放在污水处理厂，以避免堵塞管道和一些易堵塞的设备。在使用格栅除渣的过程中，可以采用机械和手工两种方法。必要时，残留物将被磨碎后，投入格栅下游位置。

2. 沉淀法

沉淀法的核心作用机理是重力沉降，可通过利用重力效果将悬浮状态的污染物质与废水分离。沉降法的主要设备是沉砂池和沉淀池，用于去除污水中大部分能够沉降的悬浮固态物质，以便提升后续处理效果。

3. 上浮法

上浮法的核心作用是去除污水中密度相对较小的污染物，在一级处理中主要体现在去除污水中的油类物质和悬浮物。

（二）二级处理

二级处理主要是进一步处理废水，去除废水中存在的大量有机污染物。废水经过沉淀、过滤或漂浮、初处理、去除悬浮污染物等一级处理后，但对于那些存在于废水中的胶体态或溶解态的氧化物或有机污染物不能有效去除。因此，废水不能够满足国家规范排放标准，不能直接排放。此时，二级处理是非常必要的。二级处理的主要方法如下：

1. 活性污泥法

在进行废水化学处理中，活性污泥处理法是十分重要的方法。其主要操作过程是以废水中的有机污染物为基质，在连续供氧的特殊条件下，将各种微生物混合并进行连续培养，形成活性污泥[9]。废水中的微生物群落通过吸附、缩合、分解、沉淀、氧化形成活性污泥，去除废水中的有毒有害的有机污染物，从而进一步净化污水。活性污泥法已有90年的历史，技术水平已经相当成熟。目前，活性污泥法已经成为处理工业废水和城市污水快捷、有效的生物处理方法，它已被广泛使用。

2. 生物膜法

生物膜法主要操作方法是将废水在固定载体表面的生物膜中生长，然后通过生物氧化和物质交换相结合的方法，使废水中有机污染物降解。该方法在污水处理设备中的应用主要包括旋转生物接触器、生物滤池和生物接触氧化池以及逐渐研制发展起来的悬浮载体流化床，广泛应用于生物接触氧化池。

（三）三级处理

三级污水处理又称深度处理或污水高级处理。经过前两级处理后，依然会存在一些污染物，主要包括一些可溶性的无机物以及不能够被微生物降解的有机物等不容易被处

9　邵光星 . 浅论石化企业的设备管理 [J]. 化工设计通讯 ,2017,43(12):152-168.

理掉的物质。三级处理与深度处理大体相似，但也存在极为重要的差异。三级处理是在二级处理后，进一步去除废水中剩余的某些特殊的污染物，而设置的辅助处理单元；深度处理主要是基于废水回收和再利用为主要目的。需要特别指出的是，三阶处理阶段所需要投入的资金较大，管理程序烦琐复杂，但可以充分利用水资源。

煤化工厂污水处理有着悠久的历史，煤化工厂产生的废水中部分污染物，像重金属离子、氮、磷等有毒元素和一些有机物质，会给人们的生产生活带来很多不便。为了更好地处理好废水，本节分析了废水中污染物的特点，提出了物理处理、化学处理、物理化处理方法以及生物处理方法和多级处理方法。这些废水处理技术在实际应用中基本上解决了煤化工厂废水排污带来的严重污染问题，为煤化工厂未来发展奠定了坚实的基础。

第四节 煤化工低温甲醇洗废气处理技术

由于我国对环境保护的要求越来越高，所以我国开始减少对煤的直接使用，而是将煤转化为其他方式使用。在发展煤制天然气的同时也要考虑到如何做到安全有效的处理废气。废气处理不仅要做到不给空气带来污染，不会影响人的身体健康，还要保证经济成本和技术发展要求。低温甲醇洗废气作为废气处理是目前废气处理中较为有效安全的处理方式。本节从煤制天然气的形成、低温甲醇洗废气的处理过程等方面对这一工艺进行仔细研究。

由于我国的煤炭资源非常丰富，所以我国开始发展煤制天然气。这种技术不仅将我国的煤炭资源得到合理利用，而且解决了我国天然气资源不足的问题。由于这种技术在经济方面和技术方面上占据一定的优势，所以我国也采用低温甲醇洗天然气产生的废气，将天然气的废气处理到国家要求的排放标准，为我国的环境保护做出贡献。天然气废气经过处理，可以将没有完全利用的气体得到最大化利用，也将天然气燃烧后产生的有毒气体净化。从这些方面来看，低温甲醇洗废气处理在煤制天然气中占有重要的地位。

一、煤制天然气

（一）概述

因为天然气是一种清洁能源，而我国现在也在不断提出环保的重要性，所以被我国大量使用，但天然气的产量并不能满足我国的使用需求。虽然天然气资源不丰富，但是我国煤炭资源非常丰富，所以我国开始使用煤制天然气这种技术。煤制天然气技术在我国是一种新型的煤炭资源利用技术，这种技术也正在逐步走向成熟。这种技术并不是很难掌握，并且跟将煤炭利用到别的方面相比，煤制天然气能够产生较少的废弃物。这种方式将别的煤炭处理技术不能完全利用的甲烷形成产生的热量循环利用，能够减轻我国石油和天然气生产的负担，保障了我国绝大部分天然气的供应。

（二）煤制天然气形成过程

对我国煤制天然气的形成过程有一定的了解，才能够将低温甲醇洗废气处理工艺弄清楚。因此我们要先明白煤制天然气是如何形成的。

煤制天然气是将煤作为原材料，将甲烷进行气化和净化等技术生产后得到的合成天然气，这种方式下得到的合成天然气不同于开采石油时得到的天然气。

煤制天然气生产过程为：将直接开采出来的煤块送入气化炉中。气化炉中的汽化剂是由蒸汽和氧气组成的。气化炉中的煤块在汽化剂的作用下，经过干燥、氧化等一系列的化学反应形成粗合成气。粗合成气经过酸性气体的处理，排除其他无用的杂质之后，再经过处理就可以形成可以使用的天然气。煤制天然气跟其他获取天然气方式相比，在水的利用方面不会出现对环境有害的杂质，更为安全。将煤生成天然气后再经过管道的运输就可以送到家家户户使用。

二、低温甲醇洗废气处理工艺

因为在使用天然气的同时会产生很多有害的气体，所以就要研究出一种可以净化天然气使用过后产生的废气的技术。而低温甲醇洗废气在净化废气方面有着方便安全的优势，因此这种技术开始被使用。低温甲醇洗废气和煤制天然气在某些处理步骤上是相似的。

（一）定义

低温甲醇洗废气是指将天然气生成前以及使用过后产生的有害气体经过酸性气体处理之后达到国家可以使用和排放的标准。

（二）低温甲醇洗废气处理

在对废气处理方面要选择经济并且有效的方式。甲醇是一种资源丰富并且价格低廉的能源。除此之外，甲醇在低温时可以对酸性气体的吸收达到最大化，因此低温甲醇洗废气是将冷甲醇作为吸收溶剂。作为吸收溶剂的冷甲醇高压低温的情况下相对于其他废气处理工艺来看能够将废弃气体中的有害气体吸收干净并再次利用，将天然气燃烧产生的废气得到最大化利用，节省能源。从这些方面来看，低温甲醇洗废气处理是以物理吸收的方式吸收废气中的有害气体。同时，相对于其他废气处理工艺，低温甲醇洗废气的净化程度最高，并且也为我国节省了在天然气使用后产生废气处理方面财力的支出。

（三）低温甲醇洗废气处理优势

首先，低温甲醇洗废气是一种净化废气程度很高的处理工艺。由于甲醇可以在低温的情况下发挥出最大的作用，尽最大可能吸收一切有害气体。并且，因为是在低温的情况下，就在一定程度上减少了对能源的消耗。

其次，低温甲醇洗废气处理可以很好地分辨出煤制天然气废气中的混合气体，并将这些气体分别处理[10]。不同的有害气体可以经过不同的净化步骤将其净化，同时也会将没有完全利用的气体分离出来继续利用，减少对能源的消耗。

最后，因为天然气具有一定的危险性，而且天然气生成过程中以及利用后产生的废气也会对环境造成污染，也不稳定。这就需要在废气处理的过程中保证有一定的稳定性，能够在最大化保证煤制天然气的净化质量。

三、低温甲醇洗废气处理在煤制天然气中的应用

对煤制天然气和低温甲醇洗废气处理有了了解之后，才能找出低温甲醇洗废气处理在煤制天然气中的应用，并对其进行深入思考。由于煤制天然气有一定危险性，所以在煤制天然气以及净化废气的过程中要考虑安全问题。

煤制天然气在形成过程中，会产生很多有毒的废气，但是这些废气也有利用价值，如二氧化碳和硫化氢。低温甲醇洗废气处理就可以利用甲醇吸收这些酸性气体，让它们进一步发生反应，减少有害气体的出现，并且可以循环再利用，将它们发生反应产生的热量进一步利用。

煤制天然气使用后也会带来少量的有害气体，如果不进行处理，也会对环境造成一定的危害。因此经过低温甲醇洗废气处理之后，可以将废气中的有害气体清除掉，保护我国的大气环境。

四、低温甲醇洗废气处理可能会出现的问题

虽然低温甲醇洗废气处理拥有很多的优点，但在利用低温甲醇洗废气处理时也要注意一些生产和使用方面的问题，避免带来危害，影响健康。

因为低温甲醇洗废气处理大部分都是利用甲醇作为吸收溶剂，所以就要考虑好甲醇的用量的问题。甲醇用量过多可能会带来副作用，不但不能将气体净化，还可能会产生

10　梁秉红．我国典型化工机械设备安全管理现状及事故管控 [J]. 机械管理开发 ,2018,33(4):162-163.

更多的有毒气体。因此在低温甲醇洗废气处理中甲醇的使用量要适中，并且一定要在低温高压的环境中处理废气。除此之外，在处理煤制天然气产生的废气过程中要保证在一个密封的环境中进行。一旦有害气体泄漏出来，不仅会对环境造成污染，也会对人的身体健康造成危害。工作人员要实时对这一工艺所用的设备进行关注，如果出现问题，一定要及时修理，避免出现更大的问题。低温甲醇洗废气处理在处理废气的过程中也要保证对其进行监控，只有达到国家规定的标准才能排放。低温甲醇洗废气处理也一定要按照操作的标准执行。

随着我国环境保护的推进，天然气的使用量也会进一步增加。在这个过程中就要保证天然气符合国家的标准，低温甲醇洗废气处理在这个时候就可以发挥它自己的作用。经过一系列的研究可以发现，低温甲醇洗废气处理在净化煤制天然气的过程中有着重要的作用。除此之外，我国还要尽可能完善这一工艺所用到的设备，煤制天然气中低温甲醇处理废气才能做到完善。从这方面来看，在以后的煤制天然气过程中，一定要给予低温甲醇洗废气处理更多的关注，将这一技术发展完善，为我国煤制天然气废气处理做出贡献。

第五节　煤化工含硫废气的回收利用技术

采用超级克劳斯工艺和 Selectox 选择性催化氧煤化工艺，对煤制甲醇中的含硫工艺废气进行深度脱硫处理，使尾气中 SO_2 含量达到环保法规的标准，同时通过硫回收装置生产纯度为 99.96% 的硫黄。该工艺主体的原料气为含硫工业源废气和空气，消耗的其他的工艺原料极少，在生产硫黄的同时，并副产高附加值的蒸汽。该工艺兼具超级克劳斯工艺和 Selectox 工艺的优势，可以实现对工业废气的深度脱硫。

中国硫黄资源虽然丰富，但是天然硫黄资源少、质量低，近几年的开发工艺几乎没有发展。据统计，中国蕴藏着丰富的黄铁矿资源和伴生硫，有色金属冶炼烟气可以使大量的硫回收。因此，中国的硫黄生产主要是从硫铁矿和伴生硫以及原油和天然气中回收而来的。

一、工艺路线的创新

工艺路线的设计是工艺设计的核心，是决定整个工艺全貌的关键步骤。工艺路线的设计必须具有先进性，工艺技术先进、经济合理，两者都是不可缺少的。工艺路线的创新决定了工艺过程的资源利用效率和经济效益以及“三废”的回收和综合利用情况，因此工艺路线是否具有创新性至关重要。

（一）超级克劳斯工艺的创新

1. 主燃烧炉的空气 / 酸气配比调整

超级克劳斯工艺改善了常规克劳斯工艺的主燃烧炉的空气 / 酸气混合比控制。常规克劳斯法的主燃烧炉配风比是根据过程中 H_2S/SO_2 比值为 2 来控制，以获得最佳的硫黄回收率。超级克劳斯工艺则采用高 H_2S/SO_2 比率操作，主燃料炉的空气 / 酸气配比控制是基于进入超级克劳斯反应过程中 H_2S 浓度指标，当 H_2S 浓度过高时，主燃烧炉空气量自动增加，反之则空气量减少。这样，空气对酸性气配比调节具有更大的灵活性，降低了自动控制系统的负担，操作变得灵活方便，弹性范围大。

2. 高转化率的选择性催化氧化

由于上游的克劳斯工段的 H_2S 过量，尾气中 SO_2 含量被抑制，选择性氧化反应（$2H_2S+O_2 \rightarrow 2S+2H_2O$）是一个热力学完全反应，可以达到很高的转化率；因此装置总硫回收率高，总硫转化率即可达到 99% 或 99.5% 以上，具有硫黄回收和尾气处理的双重作用。

该工艺在两处设有废热锅炉，第一处为废热锅炉紧接在燃烧炉的后面，将 990℃的高温工艺气体降至 320℃，并利用热量产生 4MPa 的蒸汽，输送至蒸汽管道。第二处为废气灼烧阶段，尾气灼烧后的工艺气体温度高达 600℃，若直接排放入大气，会造成能量的损耗和浪费。因此，设备废热锅炉实现了能量回收，并将产生的蒸汽输送到蒸汽管道。

超级克劳斯装置的设备由普通碳素钢制成。公用工程和运营的成本大致与传统克劳斯装置的成本相等，用最少的投入可以达到最好的效果。根据现有的数据，将现有的两级转化克劳斯硫黄回收装置转化为超级克劳斯的 99.5 型装置的造价约增加 20%，远低于建设尾气吸收塔处理装置的成本。

（二）Selectox 工艺的创新

在国家环保部颁发的《石油炼制工业污染物排放标准（GB31570—2015）》新标准的要求下，仅仅采用超级克劳斯工艺不能满足环保要求。因此，需对从超级克劳斯工艺出来的尾气进行处理，采用 Selectox 工艺，使排出的二氧化硫的含量远低于国家标准，满足环保要求的需要。

1. 工艺流程的简化

传统的 Selectox 工艺中，在 Selectox 反应器前需加一个加氢反应器，使原料酸气中的硫化物转化为硫化氢[11]。但该流程中超级克劳斯反应器出来的气体的硫化物全部为硫化氢，且氢气过量，因此不需要添加加氢反应器，降低了装置的费用。

2. 除水过程的简化

传统的 Selectox 工艺中，由于原料酸气中的水含量对 Selectox 反应器的转化率有一定的影响，需用接触冷却塔进行冷却，使其中的水分含量降至约 5%，选用水冷却器和分离罐来分离酸性气中的水分，装置投资节约了 25%。

二、节能方案设计

（一）废热锅炉的设置

废热锅炉的作用是从反应炉出口气体中回收热量并产生蒸汽。同时，根据不同的工艺要求，将工艺气体的温度降至所需要的温度，并对单质硫进行冷凝回收。克劳斯装置上的废热锅炉的控制主要通过原料水流量、蒸汽发生量和蒸汽室液位高度三者之间的关系进行控制。

（二）再热方式的选择

再热方式的演变和改进可以看作当代克劳斯工艺进步的一个重要标志。到目前为止，相关人员已开发了大量的再热方法，但按其加热方式可分为直接再热方式和间接再热方式两类。其中直接再热方式的设备投资与操作成本相对较低，但由于对装置总硫回收率的影响，在当前环境保护标准日益严格的情况下，一般倾向于使用间接再热的方式，对进入二级或三级转化器的过程气进行再热。

该过程的再热方式选择用在线燃烧炉对工艺气体进行再热。工艺物流的流量非常大，用蒸汽加热会消耗大量的蒸汽。在线炉再热是通过一系列再热炉对工艺过程气进行再加热的过程。在线燃烧炉主要由烧嘴和燃烧室两部分组成，燃烧产生的烟气与硫黄冷凝器出口的过程气在燃烧室混合使后者的温度提高至进入转化器所要求的温度。

（三）硫黄冷凝器的热量回收

硫黄冷凝器的作用是将转化器生成的硫蒸汽冷凝为液体，同时回收热量。硫黄冷凝器的冷却介质走壳程，对工艺流体进行降温。同时，利用工艺流体的热量产生低压或中压蒸汽，输送到蒸汽管网，实现了对能量的回收和利用。

本项目通过采用超级克劳斯法和 Selectox 工艺对来自低温甲醇洗的酸性废气源进行深度脱硫，使最终排放的气体达到国家规定标准。采用先进的合成路线和可靠的设备。

11　张柱 . 关于化工机械设计材料选择标准及问题的探讨 [J]. 中国石油和化工标准与质量 ,2018,38(06):9-10.

项目长远发展规划是“绿色煤化工”。该项目在一定程度上促进了石煤化工业的发展，解决了含硫废气综合利用的问题，促进了资源的有效利用，这对提高煤化工企业的资源利用率和综合经济效益具有重要意义。

三、硫循环与硫排放

硫是地壳中第六大丰富的元素，在地壳中硫主要以硫酸盐的形式存在，其中大部分是石膏或硬石膏。大气中以气态存在的含硫化合物主要包括硫化氢、二氧化硫、三氧化硫。硫氧化物SOX是全球硫循环中的重要化学物质，在大气中反应生成硫酸雾和硫酸盐，是造成大气污染和酸化的主要污染物之一。

所有工业企业均会产生硫氧化物，它主要来自化石燃料的燃烧过程及硫化物矿石的焙烧、冶炼等热过程。火电厂、有色金属冶炼厂、硫酸厂和炼油厂等都会排放 SO_2 烟气。对于中国，能源消费量大且以煤炭为主要能源结构，煤炭是一种低品位的化石能源，含灰、含硫分较高，随着燃煤量的增加，燃煤排放的 SO_2 也不断大幅增加。

四、二氧化硫烟气脱硫技术

煤炭和石油燃烧排放的烟气通常含有较低浓度的 SO_2，范围为 10^{-4}~10^{-3} 数量级。烟气脱硫方法可分为抛弃法和再生法。抛弃法是在脱硫过程中将形成的固体产物废弃，连续不断地加入新鲜的化学吸收剂，常同时用于除尘；再生法是与 SO_2 反应后的吸收剂可连续地在闭环系统中再生，再生后的脱硫剂和由于损耗需补充的新鲜吸收剂再回到脱硫系统循环使用。烟气脱硫也可按脱硫剂是否以浆液状态进行脱硫而分为湿法或干法。湿法系统指利用碱性吸收液或含触媒离子的溶液吸收烟气中的 SO_2，干法系统指利用固体吸附剂和催化剂在不降低烟气温度和不增加湿度的条件下除去烟气中 SO_2。

（一）石灰石 / 石灰湿法烟气脱硫

在现有的烟气脱硫技术中，该法脱硫效率高，技术最为成熟且运行可靠，应用非常广泛。其基本原理是用石灰石或石灰浆液吸收烟气中的 SO_2，首先生成亚硫酸钙，然后再被氧化为硫酸钙。脱硫塔底设有浆液循环池，通入空气将生成的亚硫酸钙氧化为石膏，再回收利用。锅炉烟气经除尘、冷却后进入吸收塔，吸收塔内用配置好的石灰石或石灰浆液洗涤含 SO_2 的烟气，洗涤净化后的烟气经除雾和再热后排放，吸收塔内排出的吸收液流入循环槽，加入新鲜物质进行再生。

为了防止烟气中可溶部分（氯气浓度）超过规定值和保证石膏质量，需从系统中排放一定量的废水。废水处理装置要对水力旋流分离器的溢流水或皮带过滤机的过滤水进行处理，且应控制废水氯离子质量浓度小于20000mg/L。

（二）氧化镁湿法烟气脱硫

氧化镁法的脱硫率高，可达90%以上，可回收硫，也能避免产生固体废弃物，是一种有竞争性的脱硫技术。氧化镁法可分为抛弃法、再生法和氧化回收法。

再生法是用MgO的浆液吸收SO_2，生成含水亚硫酸镁和少量硫酸镁，再送流化床加热，当温度约为1143K时释放出MgO和高浓度SO_2。再生的MgO可循环利用，SO_2可回收制酸，整个过程可分为SO_2吸收、固体分离和干燥、$MgSO_3$再生三个主要工序。SO_2吸收装置一般采用喷淋塔，由高速气体雾化吸收液，并添加抑制剂抑制亚硫酸镁的氧化，吸收塔排出的吸收液中固体含量约为10%，通过离心干燥去除表面水并通过加热去除$MgSO_3$和$MgSO_4$结晶中的结晶水。用流化床煅烧干燥后的$MgSO_3$和$MgSO_4$，发生分解产生MgO和SO_2，排气中SO_2浓度符合制酸要求。

抛弃法也称氢氧化镁法，脱硫工艺与上述再生法相似。抛弃法进行强制氧化以促使亚硫酸镁全部或大部分转变为硫酸镁，强制氧化能大大降低吸收浆液固体含量，有利于防垢，同时降低了脱硫液的COD达到外排要求。

（三）循环流化床烟气脱硫

循环流化床烟气脱硫的原理是利用循环流化床强烈的传热和传质特性，在流化床内加入石灰脱硫剂从而达到脱硫及除掉部分有害气体的目的，同时也可脱除烟气中的HCl和HF等酸性气体。整个脱硫系统由石灰浆制备系统、脱硫反应系统和收尘引风系统三部分组成，烟气进入循环流化床反应器，再在其中与石灰浆反应，石灰浆固体在反应器内同时完成蒸发和脱硫过程。烟气经分离器和除尘器后，部分物料循环进入流化床反应塔，其他物料收集后集中处理，利用物料的循环增长脱硫剂的停留时间，来提高钙利用率和反应器的脱硫效率。

过去的数十年中，烟气脱硫技术得到广泛应用，无论是湿法系统、干法系统，还是抛弃系统、回收系统，都有着日趋成熟的脱硫方法。对各种烟气脱硫技术进行综合比较，根据其成熟程度进行技术选用，兼顾经济条件、燃煤煤质、脱硫机来源和环保要求，才能最大限度地理好工业含硫废气。

第六节　恶臭废气及有机废气的处理技术

本节简要介绍了煤化行业恶臭工业有机废气的来源、恶臭气体的分类及其危害；主要阐述了煤化行业恶臭气体治理技术的发展概况，传统的恶臭气体治理技术包括燃烧法（直接燃烧法、热力燃烧法、催化燃烧法）、吸附法、吸收法、冷凝法等，新型恶臭气体治理技术包括生物法（生物过滤法、生物洗涤法、生物滴滤法）、膜分离技术、光催化氧化法、低温等离子体分解法、植物提取液法、联合法等。传统的恶臭气体处理常采用吸附或吸收去除、燃烧去除等方法，近年来生物氧化、等离子体、半导体光催化剂技术得到很快的发展。

一、煤化行业恶臭工业有机废气的来源

炼油煤化工企业恶臭气体的来源主要有两方面，包括生产工艺中反应原料在物化、生化反应过程中产生的气体，也包括间接来源于生产过程中原料存储、输送作业中散发的有机污染物的气体。所产恶臭气体往往排放量大、种类繁杂、有毒有害、有臭味，严重制约着社会循环经济发展并威胁人们的正常生活。恶臭气体一般可分为五类：第一类为含硫化合物；第二类为含氮化合物；第三类为由碳、氢或碳、氢、氧组成的烃类化合物；第四类为含氧有机化合物；第五类为卤素及其衍生物，主要包括脂肪烃、芳香烃、含卤烃类、含氧烃类、含氮烃和含硫烃类等。

二、恶臭气体的危害

恶臭气体成分复杂，对人体的危害极大，所具有的特殊气味能导致人体呈现种种不适感，并具有毒性和刺激性。具有神经毒性、肾脏和肝脏毒性，甚至具有致癌作用，能损害血液成分和心血管系统，引起胃肠道紊乱，诱发免疫系统、内分泌系统及造血系统疾病，造成代谢缺陷等。

（一）对人体健康的影响

（1）使慢性疾病恶化。如慢性支气管炎、支气管哮喘、肺气肿、肺病、肾脏病等病人在受污染的大气环境中病情会加重。

（2）引起身体机能障碍。如使肺气肿病人肺部气体交换量减少，产生血液循环障碍等。芳烃甚至能导致遗传因子变异。

（3）引起癌症。如城市居民肺癌、肝癌等发病率高于农村，就与城市的大气污染有关，大气中的多环芳烃等化合物具有明显的致癌作用。

（4）引起其他症状，如刺激感官，导致呼吸困难，危害心、肺、肝、肾等内脏器官。光化学烟雾的主要成分能刺激人眼和上呼吸道，诱发各种炎症，浓度过大时，会导致哮喘发作。

（二）对动植物的影响

气态污染物会使植物组织脱水坏死或干扰酶的作用，阻碍各种代谢机能。降低抗病虫害能力。生理活动减退，如生长缓慢、果实减少、产量降低等。对动物的影响主要是通过呼吸或动物食用被间接污染的饲料而致病。

（三）对器物的影响

一是玷污器物表面，不易清洗除去；二是与器物发生化学反应，使之腐蚀变质。

三、煤化行业恶臭气体治理技术概述

目前恶臭气体治理方法有非破坏性方法、破坏性方法和两者的联合方法。非破坏性方法即回收法，主要有炭吸附、变压吸附、吸收法、冷凝法及膜分离技术，一般是通过物理方法，改变温度、压力或采用选择性吸附剂和选择性渗透膜等方法来富集分离恶臭气体；破坏性方法有直接燃烧、热氧化、催化燃烧、生物氧化、等离子体法、紫外光催化氧化法及其集成技术，主要是通过化学或生化反应，用热、光、催化剂和微生物将恶臭气体转变成 CO_2 和水等无毒害的无机小分子化合物。传统的恶臭气体处理常采用吸附或吸收去除、燃烧去除等方法，近年来生物氧化、等离子体、半导体光催化剂技术得到很快的发展[12]。

（一）传统的恶臭气体治理技术

1. 燃烧法

燃烧法是利用挥发性有机物的可燃性，在一定的温度下将其通入焚烧炉中进行燃烧，最终生成CO_2和H_2O而得以净化的方法。根据燃烧温度和方式的不同一般分为直接燃烧、热力燃烧和催化燃烧。

（1）直接燃烧法。直接燃烧法是将恶臭气体直接通入焚烧炉中进行高温燃烧的方法。当恶臭气体浓度高、可燃性好时可以直接燃烧，当浓度低时需要加入一定的辅助燃料，燃烧最终生成 CO_2 和 H_2O 排入空气，同时回收利用燃烧热。这种方法投资费用低、设备简单、操作方便，但是维持高温燃烧（＞1100℃）需要高额的运行费用，而且高温燃烧产生的 NOx 成为二次污染物。

（2）热力燃烧法。恶臭体首先经过热交换器升到一定温度后进入热力燃烧室进行燃烧。这种方法处理的恶臭气体浓度为 100 ~ 2000mg/L，处理效率 95% ~ 99%。与直接燃烧法相比，热力燃烧法的燃烧温度一般在 700℃ ~ 900℃，节省了能源消耗。

12　孙珮石，杨英，陈嵩，等.湿式催化氧化处理炼油碱渣废水试验研究 [J]. 水处理技术，2005，31（1）：46-49.

（3）催化燃烧法。催化燃烧法是指恶臭气体在催化剂的作用下反应生成 CO_2 和 H_2O 的方法。催化剂的作用是降低有机物的起燃温度，同时缩短反应时间。目前用于治理恶臭气体的催化剂有贵金属催化剂（如 Pt、Pd）和非贵金属催化剂（如 V、Ti、Fe、Cu 等）。与热力燃烧法相比，催化燃烧法所需的燃烧温度更低（200℃～400℃），大大降低了能耗，而且在较低的温度下燃烧避免了 NOx 二次污染物的生成。但是催化剂较易被含 S、P、As 等物质中毒而失去催化活性，另外催化剂的更换也需要昂贵的费用。

2. 吸附法

吸附法是利用具有微孔结构的固体介质（吸附剂）将目标物质（吸附质）吸附在其表面上以达到从主体中将其分离的过程。目前常用的吸附剂有活性炭和沸石分子筛等，活性炭具有较大的比表面积、高的吸附容量、无选择性吸附，是最常用的恶臭气体吸附剂；沸石分子筛具有均匀的微孔结构，具有较强的选择性吸附。吸附法与其他方法相比具有去除效率高、能耗低、工艺成熟、易于推广实用的优点，具有很好的环境和经济效益。缺点是处理设备庞大，流程复杂，当废气中有胶粒物质或其他杂质时，吸附剂易失效。

3. 吸收法

吸收法是用吸收液与待处理废气进行充分接触而将其中的可溶于该吸收液的恶臭气体从废气中分离出来的过程。吸收工艺的主体单元通常采用喷淋塔、填料塔等能提供良好气液接触的设备。吸收法具有设备结构简单、工艺流程短、易维护、成本低等优点，是废气治理中常用的方法，但是吸收剂的选择、回收或进一步处理成为环保治理的棘手问题，因此限制了其发展。

4. 冷凝法

对于含一定浓度有机蒸气的废气，在将其降温时，废气中的有机物蒸气浓度不变，但其相应的饱和蒸气压值已低于废气中组分分压时，该组分就要凝结为液体，废气中组分分压值既可降低，也可实现气体分离的目的。将有机废气冷凝为液体可采用冷却法，也可采用压缩法，或两者结合。冷凝法一般用于高浓度有机废气的回收或预处理，当要回收有机物时，通常要求废气的浓度高、组分少。

（二）新型的恶臭气体治理技术

1. 生物法

生物脱臭法是利用微生物的代谢，将废气中的有害物质进行降解或转化为无害或低害类无臭物，从而达到净化气体的目的。该法最早起源于德国和日本，是开发处理恶臭气体的一种新方法，可用于水溶性恶臭物质的处理。由于该方法运行成本低、脱臭效率高、不会造成二次污染等优点，得到了人们的广泛关注，并成为世界工业废气净化的前沿热点之一。现阶段的主要工艺有生物过滤法、生物洗涤法以及生物滴滤池法。

（1）生物过滤法。生物过滤法是恶臭气体经过增湿器润湿达到饱和后进入生物滤池，被附着在土壤、植物纤维做填料的填料层上的微生物氧化分解为 CO_2、H_2O、S、SO_4^{2-}、SO_3^{2-}、NO_3^- 等无害小分子物质后由排气口排出。为了保证排放气体符合排放要求，可在过滤系统后添加活性炭吸附装置。生物过滤器对 VOC 的去除率和恶臭物质的去除率达到 95% 和 99%。该法的脱臭效率受滤料的性质、pH 值、温度和湿度等因素的影响，另外底物的结构和性质是造成恶臭气体生物处理过程中的竞争和抑制的关键因素之一，因此应根据底物的性质，采取有效的方法合理设计操作工艺和操作条件。

生物过滤法与传统的控制技术相比，工艺简单、能耗小、处理费用低、效果好。适用范围广、不会产生二次污染。但是处理装置占地面积大，每隔 2.5 年需更换填料，且不适宜处理高浓度的废气，有时湿度和 pH 难以控制，颗粒物质会堵塞滤床。

（2）生物洗涤法。生物洗涤法又称生物吸收法，是采用活性污泥的方法，对恶臭气体的去除分为吸收和生物降解两个过程。首先恶臭物质同含有活性污泥的生物悬浮液逆流通过吸收器，臭气物质被活性污泥吸收，部分净化后的气体由吸收器顶端排出。洗涤液再送到反应器中，溶解的恶臭物质通过悬浮液生长的微生物的代谢活动降解。这类装置对去除氨、酚、乙醛等可溶性恶臭气体效果较好。

生物洗涤法可以处理大气量的臭气，同时操作条件易于控制，占地面积较小，压力损失也较小，在实际中有较大的适用范围。对于注塑行业产生的颗粒污染物、苯、甲苯及二甲苯等有较好的处理效果，洗涤塔可采用二级洗涤方式，预洗涤由水和酸性溶液组成，二级洗涤是活性污泥洗涤液。预洗涤是为除去粉尘及氨等碱性化合物，可有效防止在高负荷时的污泥冲击。该方法也适用于喷漆行业的有机废气处理。但这种方法费用高、操作复杂而且需要投加营养物质，因而其应用受到了一定的限制。

（3）生物滴滤法。生物滴滤法结合了生物滤池和生物洗涤池的脱臭技术，脱臭方法与生物滤池法接近，结构上与生物滤池的不同之处在于其顶部有喷淋装置。使用的滤料是不能提供营养物质的不具吸附性的惰性材料，如聚丙烯小球、陶瓷、木炭、塑料、活性炭纤维、微孔硅胶等，降解恶臭物质的微生物附着在填料上。

该方法的处理过程是湿润的废气经过附有生物膜的填料层时，气体中的恶臭物质溶于水，被循环液和附着在填料表面的微生物降解，达到净化的目的。生物滴滤池可采用顺流操作和逆流操作方式，生物膜逆流操作时的净化效率高于顺流操作。

生物滴滤池中的惰性滤料比表面积大，可以提供较大的气体通过量并且造成的压力损失也较小。对于处理卤代烃、含硫、含氮等通过微生物降解会产生酸性代谢产物及产能较大的污染物，效率比较高。可用生物滴滤池法处理的废气有苯系化合物、醛类、醇类、脂类等，去除效率 50% ~ 99%，降解负荷 8 ~ 200g / m^3h。

（4）膜分离技术。膜分离技术是采用对有机物具有选择性渗透的高分子膜，在一定的压力下使恶臭气体渗透而达到分离的目的。当恶臭气体进入膜分离系统后，膜选择性地让恶臭气体通过而被富集，脱除了恶臭气体的气体留在未渗透侧，可以达标排放；富集的恶臭气体可去冷凝回收系统进行有机溶剂的回收。选择此方法回收废气中的丙酮、四氢呋喃、甲醇、乙腈、甲苯等，回收率可达 97% 以上。目前，该方法正迅速发展成为石油煤化工、制药、食品加工等行业回收恶臭气体的有效方法。此法最好用于高浓度、小流量和有较高回收价值的有机溶剂的回收，但其设备投资较高。随着对人们环境问题越来越重视，膜分离技术的应用前景会很广阔。这是因为该法是一种清洁技术，从膜分离系统出来的是回收的有机溶剂和净化了的排放气，减少了二次污染的产生，随着高效分离膜的开发和价格的降低，膜技术的应用会越来越广泛。

2. 光催化氧化法

光催化氧化法是近年来发展起来处理恶臭的新方法，其技术机理是光催化剂（如 TiO_2）在紫外线的照射下被激活，吸收光能并将其转化为化学能，使 H_2O 生成 OH 自由基，然后 OH 自由基将有机污染物氧化成无臭、无害的产物（如 CO_2 和 H_2O）。日本是首个将光催化技术用于恶臭研究的国家，我国和美国也在其后开展了光催化技术在环境污染物降解中的研究。国外一些学者通过采用 TiO2 对有机污染物进行光催化降解时取得了良好的效果，如采用 TiO_2 对苯、乙苯、邻二甲苯、间二甲苯、对二甲苯 5 种污染物在空气湿度范围内进行光催化氧化，其降解率接近 100%。除了使用 TiO_2 作为光催化剂之外，还可以在其中添加金属氧化物提高对臭气的净化率，组成为 90%TiO_2+10% 金属氧化物的光催化剂对低浓度（室内空气）的 H_2S 和 CO_2 净化率分别可达 97% 和 99% 以上，对 NO_2、NH_3 能够 100% 消除。另外也有采用在 TiO_2 上负载稀土元素或贵重金属及其氧化物等方式来改善其催化活性，提高光催化效率。TiO_2 光催化技术对恶臭的降解能耗低、易操作、安全、清洁，加上 TiO_2 化学稳定性强、无毒等优点，以及在恶臭降解过程中，光催化剂并不消耗，是一种理想的光催化材料，因此它是一项具有广泛应用前景的脱臭新技术。开发量子化效率高的光催化剂，提高催化剂的催化活性和选择性、增大催化剂表面积、提高光催化剂的固化性能、拓宽光催化激发波长等，必将成为光催化领域的发展方向。

3. 低温等离子体分解法

该方法是应用前后沿陡峭高压脉冲电晕放电产生非平衡等离子体技术，在常压容器中使有害气体直接分解成无害单原子气体或固体微粒，从而达到净化气体的目的。这一过程具体可以通过两个途径来实现：一是在高能电子的瞬时高能量作用下，打开某些有害气体分子的化学键，使其直接分解成单质原子或无害分子；二是在大量高能电子、离子、激发态粒子和 O、OH 自由基（自由基由于带有不成对电子而只有很强的活性）等作用下的氧化分解成无害产物。非平衡等离子体的产生也可以通过辉光放电法、流光放电法、沿面放电法、无声放电法（或介质阻挡放电法）等方法。目前采用介质阻挡放电法对污水处理厂产生的 H_2S、NH_3、CH_2SH 等恶臭气体已取得了良好的处理效果。

无声放电非平衡态等离子体技术在常压下可将臭气中的正己烷、环己烷、苯和甲苯等挥发性烃类有机污染物降解为 CO_2 和 H_2O，该方法具有很高的能量效率，是去除低浓度、高流速、大流量挥发性有机废气的理想方法，对恶臭物质的处理效率可达 90% 以上。与高温焚烧法、催化燃烧法及活性炭吸附法相比，具有高效性及较低的能耗，在环保领域具有广阔的应用前景。另外，低温等离子体可与光催化氧化协同治理空气污染，既可以增强放电等离子对多种污染物的降解能力，也可以降低催化反应的能耗，提高空气净化装置的整体经济性。

4. 植物提取液法

天然植物提取液是多种天然植物根、茎、叶、花的提取液混合复配而成，其有效分子含有共轭双键等活性基团，可与酸性、碱性和中性的恶臭物质发生化学及生物物理反应，使异味分子迅速分解成无毒、无味的分子来达到除臭的目的。在常温下，提取液可与异味分子发生酸碱反应、催化氧化反应、路易斯酸碱反应和氧化还原反应。该方法适用于较分散的臭气发生源且臭气量不大，或者是局部的、短时间的、突发的排放，较难补集和收集的情况。目前这种方法主要适用于固废、污水收集与处理中，对甲硫醇和甲硫醚的处理效果达到 80% 以上。该方法不需增加土建工程、收集系统和高空排放管道，没有二次污染，是一种既简单易行又廉价的恶臭处理技术。

5. 联合法

由于恶臭物质成分复杂、嗅阈值低，对净化系统的要求较高，治理难度也较大，有时需要采用多级净化才能彻底去除。因此在生产实际中，便出现了一些联合工艺，如在吸附装置前增加酸碱喷淋装置的洗涤吸附法，在除臭系统后加上活性炭吸附装置的吸附氧化法以及经过一、二级生物处理后再添加活性炭吸附塔做深度净化的生物吸附法和生物化学法等，联合工艺对恶臭的处理更彻底、净化效率更高。

恶臭气体是一类挥发性的气体，其分子在空气中扩散，严重污染了人类赖以生存的环境，如何控制和治理臭气，将是人类面临的重要课题。

由于臭气的成分形成的复杂性和特殊性，仅仅采用某种单一的治理方法，要达到比较理想的效果是较困难的，所以目前实际应用较多的是两种或两种以上联合除臭的方法。

（1）吸附法是目前较为成熟的工艺，常用于处理低浓度的废气，可单独使用也可用于联合工艺中的前置及后处理；

（2）生物法由于运行成本低、脱臭效率高已逐渐成为工业废气净化的主要热点；

（3）光催化氧化法、低温等离子体法及植物提取液法作为恶臭处理的新方法，以其高效率、低能耗、无二次污染等越来越受到关注，因此需要不断开发应用此类技术以实现其在工业上的广泛应用；

（4）对于目前的处理方法大多都只适用于低浓度的有机废气，对于高浓度、高流量的有机废气处理就需要不断改进处理工艺和加强新技术的研究，特别要加强对联合工艺的开发和应用研究，以实现其在工业上的广泛应用。

煤化行业的恶臭气体一直是个重要的环境问题，面对臭气排放造成的大面积污染，恶臭治理迫在眉睫，目前已经成熟的物理、化学、生物法废气处理工艺，可以有效地减轻煤化工行业废气污染程度，更好地保护环境。不过废气污染治理仍是任重而道远，还需要不断地探索和优化废气处理工艺。

第七节　煤化工废渣处理与利用技术

以煤制烯烃、煤制油、煤制天然气为代表的新型煤化工产业的快速发展对促进我国能源结构的调整和优化起到了重要作用。随着我国对环境保护的日益重视，环保问题成为制约煤化工产业发展的重要因素。煤化工废物的有效处理成为煤化工项目能否持续运行、产生经济与社会效益的关键。

新型煤化工生产中都会产生气化废渣；甲醇制烯烃（MTO）过程中的废碱液和废黄油也是引起广泛关注的废物类型。本节将对煤化工项目上述典型废物的产生情况和可行的处理技术方案进行探讨，以供新建煤化工项目借鉴。

一、焦油渣的处理和利用

焦油渣是工业有害废渣，必须对其进行加工利用，节能减排。焦油渣的利用主要有以下几个方面：

（1）回配到煤料中炼焦。焦油渣由密度大的烃类组成，是一种较好的炼焦添加剂，要提高各单种煤胶质层指数。例如，某焦煤化工厂，研制出把焦粉与焦油渣按 3 ∶ 1 的比例混合进行炼焦，结果不但增大了焦炭块度、强度达到一级冶金焦炭的质量，还增加装了炉煤的黏结性，解决了焦油渣的污染问题。

（2）做煤料成型的黏结剂。焦油渣是黏结剂，在电池用的电极生产中采用。

（3）做燃料。通过添加降黏剂，以降低焦油的黏度，并溶解其中的沥青质，如果采用研磨的办法降低焦粉、煤粉等固体的粒度，添加稳定分散剂等，达到泵送应用要求，就可有良好的燃烧性能，在工业燃料中采用。

二、酸焦油的处理和利用

粗苯酸洗产生的酸焦油，能用以回收苯、制取减水剂和石油树脂等。

（1）回收苯。用杂酚油溶剂萃取法处理粗苯酸洗出现的酸焦油，不但使酸焦油中的硫酸与聚合物分离，同时由中和器出来的分离水为硫酸铵水溶液，送往硫酸铵工段。溶剂再生以回收苯和杂酚油，再生残渣可用作燃料油或加到粗焦油中。

（2）制取减水剂。酸焦油中磺化物具有表面活性，在残余硫酸的催化作用下，酸焦油与甲醛发生聚合反应，能合成混凝土高效减水剂。

（3）制取石油树脂。把混合苯、粗苯精制残液和酸焦油混合，在催化剂的作用下可聚合得到石油树脂。

如果把粗苯酸洗和硫酸铵生产过程中产生的酸焦油集中处理，可采用以下方法：

一是直接掺入配煤中炼焦。在炼焦煤中加入酸焦油，以提高煤的堆密度；焦炭的产量、强度，对焦炭的反应性和反应后的强度改善较为明显[13]。酸焦油对炼焦煤的结焦性和黏结性有不利影响，高浓度的酸焦油也对炉墙砖有侵蚀作用。二是先用氨水中和，再与煤焦油和沥青混配成燃料油或制取沥青漆的原料油。

三、再生酸的净化与利用

（1）再生酸的净化方法。有萃取吸附法和外掺沉淀吸附法。前一种是用萃取剂把再生酸中的有机物萃取出来；后一种是由廉价的外掺剂与再生酸中的有机物反应生成沉淀而被分离。去除有机物后的再生酸用活性炭吸附脱色。净化后的再生酸的浓度为 50% 左右，可作为生产煤化工产品的原料[14]。

（2）再生酸的利用。有焙烧炉喷烧法和合成聚合硫酸铁法。前一种方法是在生产

13　王建国 . 机械设计过程中机械材料的选择和应用探析 [J]. 广东蚕业 ,2018,52(03):33.

14　徐德志，相波，邵建颖，等 . 膜技术在工业废水处理中的应用研究进展 [J]. 工业水处理，2006，26(4): 1-4.

硫酸的焙烧炉内喷洒再生酸，在 850℃ ~ 9500℃的高温下，再生酸中的有机物被氧化成 CO_2 和 H_2O 等，其中的硫酸则生成 SO_2，用接触法吸收 SO_2，制得浓硫酸；后一种方法是用再生酸中的硫酸与 $FeSO_4$ 为原料，经过氧化、水解和聚合反应制得聚合硫酸铁。它是优良的无机高分子混凝剂，广泛应用于工业水和生活用水的处理。

四、洗油再生残渣的处理和利用

洗油再生残渣是洗油的高沸点组分和一些缩聚产物的混合物，主要有芴、苊和萘等，洗油中的不饱和化合物和硫化物，如苯乙烯及其同系物等缩聚形成聚合物。洗油再生残渣的利用方法主要有以下几种：配入焦油中；与蒽油或焦油混合，生产混合油，作为生产炭黑的原料；生产苯乙烯 - 茚树脂，它能作为橡胶混合体的软化剂，加入橡胶后能改善其强度、塑性及相对延伸性，也可减缓其老化作用。

五、污泥的处理和利用

（1）在农业上的应用。污泥中有植物所需要的营养成分和有机物，污泥用作农肥是最佳的最终处置办法。

一般的处理方法是堆肥。利用嗜热微生物，使污泥中的有机物和水分好氧分解，实现腐化稳定有机物、杀死病原体、破坏污泥中的恶臭物质和脱水的目的。堆肥的缺点是在天气不佳时，过程缓慢，还会发出臭气。

（2）制建筑材料。污泥能用来制砖、纤维板材和铺路等。

六、气化废渣的处理和利用

（1）筑路。在炉渣中加入适量的石灰拌和后，能作为底料筑路。

（2）用于循环流化床燃烧。气化炉排出的灰渣含碳量较高，有较高的热量利用价值。如果掺和无烟煤粉，可用作循环流化床锅炉的燃料。

（3）建材。灰渣用于制砖和水泥。灰渣因其密度较小，能当轻骨料用。用灰渣陶粒做骨料，具有质量较小、隔热性能较好、降低炉墙自重、减少建筑物能耗的优点。

（4）用作填料。炉渣灰中含有约 60% 的 SiO_2，能用作橡胶、塑料、深色涂料及黏合剂的填料。这种填料具有较强的渗透性、阻燃性，能高充填，在被填的物料中能起润滑作用，具有分布均匀、吃粉快、粉尘少、表面光滑等优点。

（5）生产铝合金。我国已有生产硅铝粉的厂家。炉渣灰中含氧化铝达 20% ~ 35%，含氧化钛约 1%。所以，用炉渣灰生产硅钛氧化铝粉，有化学基础。因其钛稀有昂贵，此合金的发展受到限制，而生产硅铁铝合金，能取得较高的经济效益。

七、废碱液和废黄油

（一）废碱液和废黄油的产生过程

甲醇制烯烃过程产生的工艺气中含有一定量的酸性气体，在烯烃回收单元，需设有碱洗塔，以去除二氧化碳、硫化氢等气体。碱洗塔一般分为弱碱段、中碱段和强碱段，会产生大量含有氢氧化钠、碳酸钠等无机盐的废碱液。碱洗过程中产生黄油，黄油影响碱洗塔的运行效果，会引起新鲜碱液消耗量增大、碱洗效率下降、废碱液排放量增大、废碱液难于处理等一系列问题。

黄油的产生机理有以下两种：一是工艺气中溶解在碱液中的双烯或不饱和烯烃在痕量氧的作用下，产生自由基，发生自由基偶联反应；二是工艺气中的醛或酮在碱的作用下，发生 Aldol 缩合反应（羟醛缩合），生成 α-β 不饱和醛/酮，并进一步聚合生成黄油。王锐等对甲醇制烯烃过程产生的废黄油的主要成分进行了分析，结果表明，其成分非常复杂，在检测出的 40 种组分中，芳香族化合物约占 50.18%，醛酮类化合物约占 38.24%。黄油中的芳香族化合物来自 MTO 反应过程中产生的多甲基苯基类化合物；而醛酮类化合物按上述第 2 种反应机理生成。

（二）废碱液和废黄油的处理方法

在碱洗塔的运行过程中，必须要采取预防废黄油产生的措施。这样不但可以减少对废黄油的处理，也可以降低废碱液的处理难度。可行的减少废黄油产生的方法包括：提高碱洗塔前水洗效果，降低进入塔内的醛酮类化合物含量；严格控制产品气中氧的含量；加入黄油抑制剂等。

石油煤化工行业已积累了废碱液的处理方法，虽然 MTO 工艺产生的废碱液与石油裂化生产乙烯过程中的废碱液性质不完全相同，但是仍可借鉴。废碱液的处理过程中，必须要考虑其中所含有的废黄油，下面介绍两种可行的废碱液处理方案。

1. 焚烧法

焚烧法是废物减量化、无害化的有力处理手段，广泛应用于废物的处理领域。焚烧设备主要由进料系统、焚烧系统、尾气处理系统等组成。对于甲醇制烯烃废碱液的处理，焚烧温度需超过 1100℃，烟气停留时间要大于 2s。由于废碱液含水量较高，利用焚烧法进行处理时，需要补充一定的燃料，产生的烟气、水蒸气等可以通过废热锅炉回收热量，这在一定程度上实现了能量的回收利用。焚烧法处理废碱液较为彻底，但是在实际运行过程中，废碱液中的黄油会堵塞输送管道和喷头，使炉壁和喷头的腐蚀较为严重，对焚烧炉的连续运行造成影响。

2. 湿式空气氧化法

湿式氧化技术是指在高温（150℃ ~ 350℃）、高压（0.5 MPa ~ 20 MPa）条件下，以空气中的氧气为氧化剂，将废水中的有机污染物分解为无机物或小分子有机物，以降低废水的 COD 和提高废水的可生化性。

利用湿式氧化技术，处理石油煤化工废碱液具有一定的可行性。其优点是处理效率高，并且无二次污染；缺点是对设备的要求较高，投资较大，能耗也比较大。李久萌等人的研究表明，利用湿式氧化法，还可去除废碱液中的硫化物。

催化湿式氧化是在湿式氧化基础上发展起来的一种高浓度有机废水的处理技术。该技术是在一定的温度和压力下，在催化剂的作用下，经空气氧化，使废水中的有机物分解为二氧化碳和水等物质。其反应条件更加温和，投资也相对较低。孙珮石等人开展了利用湿式催化氧化处理炼油碱渣废水的研究，实验表明，对于 COD 在 39600mg/L ~ 139200mg/L 的废碱液，在 270℃、9 MPa 条件下，可实现废水中 COD、挥发酚去除率均达到 98% 以上，且具有良好的除臭脱色效果。

经过湿式氧化去除或降解废碱液中的有机物、硫化物类物质后，后续可通过生化处理，进一步去除废水中的 COD；也可利用蒸发结晶技术，来实现废水的浓缩及结晶，以达到对废碱液中有价值物质的回收利用。

煤化工项目投资大、工艺流程长，在取得较大经济和社会效益的同时，一些废物的产生几乎不可避免。只有从工艺的角度，了解废物的生成机制，才能对废物的产生情况形成正确的认识，对废物主要成分进行分析是合理处置的关键。煤化工项目所产生的废物得到合理、有效的处理，是实现我国煤化工行业持久发展的重要条件之一。

第七章　煤化工设备安全管理与控制

第一节　煤化工设备安全管理现状及管控

煤化工设备是煤化工企业生产过程中所使用的各种机器和设备的统称，其合格的设计与制造、规范的安装与使用、合理的维护与保养以及到位的操作与管理等对煤化工企业的安全生产起着关键性的作用，所以煤化工企业生产过程必须要重视煤化工机械设备的安全管理，避免发生各类设备的安全事故。

一、我国典型煤化工设备安全管理现状

（一）系统的法律法规与安全设备技术规程

目前，煤化工企业制定了一系列法律、法规和标准，同时还增加了企业的安全设备技术规程。法规体系包括法律、行政法规、部门和地方规章、地方性法规以及安全技术规范，企业的安全设备技术规程包括管理制度化、制度流程化、流程表单化、表单信息化以及作业手册化，企业的安全设备技术规程是在法规体系的前提和基础上形成的，有着统一的理念和标准化的管理。

（二）新技术及科学现代的管理手段

在煤化工设备管理制度方面，新的技术、科学现代的管理手段在设备安全管理中也在不断应用。第一，状态监测和故障诊断技术得到了广泛应用。设备状态监测和故障诊断技术可提前预判设备可能发生的故障及发展走势，是管理方式和管理理念的重大转变，其为现代煤化工企业提高设备运转率及可靠性、降低事故发生率提供了必要手段。第二，计算机技术动态管理系统在现代煤化工企业起着越来越重要的作用。例如，紧急停车系统、安全连锁系统等可对煤化工装置存在的隐患做到预警预报，并在发生事故时及时处理，有效遏制了特种设备事故的发生。第三，现代预知维修技术与其他相关技术的有效结合。传统的典型煤化工设备是对其定期维修，现代的预知维修技术通过对设备关键点

数据的收集与分析，预先分析各种参数的状态，从而避免生产设备的意外损坏。

二、我国煤化工设备安全管理存在的问题

（1）设备管理工作仍存在一些薄弱环节。例如，设备管理机构设置不合理，存在设备管理职能交叉、多头管理、各自为主的局面；职能部门人员分流、缩减，缺位和工作脱节现象时有发生；部分新购设备机型杂、质量差，存在先天不足的问题等。

（2）科学管理进展缓慢。如前所述，我国煤化工企业设备管理有了一定的发展，各企业均建立了自己的煤化工设备安全管理网络图，部分企业还采用了状态监测和故障诊断技术、计算机技术和动态管理技术以及现代预知维修技术等，但这些科学管理还处于起步探索阶段，基础理论研究尚不深入且推广力度和普及范围不足，尤其在节能设备的推广应用方面，未形成系统广泛的科学管理体系。

（3）设备更新费用投入不足。目前，由于成本、效益及利益等因素的影响，我国煤化工业出现了设备不坏不修等严重现象，煤化工设备的超负荷与超期服役，直接造成设备老化速度加快，加上设备更新费用严重不足，给生产带来了很大的安全隐患。

三、有效的煤化工设备安全管控措施

煤化工设备安全管理的不足限制了生产质量和效率的提高，也给工作人员带来了人身安全风险。为了保证煤化工设备运行安全，就必须采取有效安全管控措施，提高安全管理效果，可以参考以下几点建议：

（一）引进先进的技术，实现动态安全管理

一般情况下，煤化工设备为适应多种高要求操作和生产环境，配套部件和技术都具有一定的特殊性，且不同的工作条件对应的设定参数也有所不同，如石油煤化工设备中的配件、油田助剂、抽油杆等部件中，抽油杆外部喷涂镍 60 金属涂料，可采用的型号就有 CYG16、CYG19、CYG22、CYG25 等[15]。在一定的条件下，还要求具备密封性好，高效率和低能耗，具有优良的耐腐蚀性能，具有连续运转的安全可靠性、压力和具有足够的机械强度较高的特点。由于煤化工设备的这些特殊要求，对设备安全的管控不能只依靠简单的设备检查等静态方式，需要引进先进的技术，对设备进行动态管理。具体的技术应用环节可以借助网络信息技术，贯穿于设备管理的全过程。

首先，建立完整的设备信息数据库。煤化工企业应用的设备种类繁多，不同的型号、配件参数都存在差别，依靠文档记录或纸质说明书，管理工作效率低下，无法系统地规

15　王建国 . 机械设计过程中机械材料的选择和应用探析 [J]. 广东蚕业 ,2018,52(03):33.

范管理，需要借助网络平台，将设备型号、价格、参数信息、配件等内容集中在一个模块内，形成相关的设备数据库。在建立数据库的过程中，先要根据本煤化工企业的实际情况，在原有的网络基础上，创建结构化查询语言（Structured Query Language）数据库，需要注意的是必须将数据库作为数据源添加到煤化工设备项目中。接着，在项目外创建数据库，细致地划分相关的索引链接，键入新数据库的完全限定路径并设置一定的密码，防止恶意攻击等网络问题，影响数据库的使用安全。最后，检测系统运行情况，保证获得权限的工作人员可以随意查询信息。

其次，建立煤化工设备信息卡。每个煤化工设备在使用的过程中，都会因人员操作等因素出现一些变化，也就是设备的差异性。所以，煤化工设备的信息化动态管理，还要给每个设备设计使用信息卡，随时将设备的情况记录到对应的条款中。信息卡的内容设计上，要包括进厂检验、调试安装、检修时间和次数以及养护记录等方面。

（二）联合企业部门，综合管理设备

煤化工设备管理工作不能独立进行，需要结合生产、库存、财务以及采买等管理。首先，同生产管理建立联系。生产管理系统与设备管理的结合，可以实现信息的相互流通，前者从后者获取到设备的参数和使用能力，后者则从前者获知实际作业需求的设备技术能力淤积设备的使用耗损等信息，为下一步的维修计划的制订提供参考。其次，与库房管理协作。设备管理部门和库房管理部门往往会在实际的工作中出现共同的设备构件，这就需要两个部门互相合作。库房管理部门要及时将设备存储的存储数量、备件信息以及设备消耗和资金数据等内容上报给设备管理部门。设备管理部门则要按照这些信息制定设备管理方案，并把信息反馈给库房管理。再次，加强同财务管理的合作关系。设备管理主要是利用财务汇总的季度和年度设备的盘点信息以及运作过程中产生的费用，决定设备的停用、更新和维修等管理工作。最后，市场管理部门要给设备管理提供市场发展和供货信息，设备管理基于此决定购买的设备种类和型号。

（三）提高相关人员素质，重视维修、养护工作

通过上文的分析可以明显发现，相关工作人员对设备安全的认识和专业能力的不足，很大程度上影响了设备的安全管理。所以，在进行管控的过程中，人员素质能力的提高十分重要。煤化工设备安全管理涉及的工作人员，主要有一线操作人员、检修人员和库存保管人员。从整体的角度来看，安全教育和宣传是首要的步骤。思想意识是指导行动的关键，只有从思想上意识到设备安全管理的重要性，才能在实际工作中落实。煤化工企业安全教育要面向全体人员，重点讲解设备管理的重要性和措施，提高对安全管理工作的重视程度。在宣传相关的安全管理知识时，要善于使用新媒体，如利用社交软件，

建立微信公众号等企业宣传平台，并结合传统的会议、公告板等形式，扩大宣传影响的范围。从人员素质能力的提高上，要针对不同的岗位分别对待。一线操作人员是使用设备的主体，只有操作行为规范才能减少故障的发生，进而提高设备的安全和使用周期。煤化工企业可以通过定期的培训，督促操作人员正确掌握操作程序，避免不当操作，特别是更新的设备使用前，必须进行岗前培训。也可以采用师徒制的形式，经验丰富的人员指导新入职人员，在实训环境中提高专业能力。维修人员负责设备的检测和养护，培训时可增加实训，对不同的安全问题进行检修。而库房人员要提高对设备的了解程度，注意防腐蚀、防潮等管理工作。

同时，设备维修要以预防检测为主，辅以事后维修。预防维修的工作重点是对设备的工作状态进行查验，并绘制状态变化图示，确定维修的计划。接着，依据计划对设备中存在的问题进行事后维修。

总之，煤化工设备的安全管理现状不容乐观，还存在多种问题。为了提高管控的质量，可采用文中提到的综合管理设备等措施，进一步提高设备的安全管理效率和质量。

第二节　煤化工设备的安全检修及管理

石化行业需要定期进行检修，并且由于其高危特征，我们应对设备检修的安全危险因素进行全方面辨识，并针对性的采取对策进行预防控制。特别是在环保标准日益严格的同时，我们不仅需要保证检修工作按时完成，还需要减少污染排放，更需要保证检修安全。因此笔者下面将对设备检修中的不稳定、不安全因素进行辨析，以期对设备检修工作的有序开展有所帮助。

一、煤化工设备检修过程中存在的主要安全危险因素

由于石化行业的特殊性，其内部使用的煤化工设备大多具有规模大、自动化程度高、结构复杂等特点，因此在短暂的检修期对设备进行全方面的检修就存在时间紧、任务重、危险性高等困难。此外，由于内部介质大多无法全面清理干净，因此检修的安全危险因素主要表现在两方面，首先是动火作业的危险，其次就是设备内受限空间作业的危险。

（一）动火作业的安全危险因素

在石化企业中安全隐患最高的检修作业就是动火作业，通过归纳总结，动火作业的主要安全危险因素有以下几种：

（1）设备检修作业人员的安全意识以及技能不达标；

（2）动火作业前，负责人未对危险源进行辨识，并且没有落实相关的安全措施，未对检修作业人员进行安全技术交底；

（3）动火前未采取有效的防火措施，如未封堵地井，未使用防火篷布对作业面进行遮挡，极易由于火花的溅落引燃周边的易燃易爆物质；

（4）检修作业前，未对设备内部的爆炸气体进行检测，并且未使用盲板将设备彻底隔离，很可能由于阀门内漏等原因造成可燃气体等从设备内部泄漏，极易在作业时发生火灾、爆炸事故；

（5）动火作业完成后，未对现场进行全面清理，遗留火种。

（二）受限空间作业的安全危险因素

（1）煤化工设备的内部空间大多较大，如果未经过长时间的通风置换，含氧量很可能不达标，这就会造成检修作业人员的晕厥、窒息；

（2）设备内部的有毒有害气体未置换干净，造成检修作业人员中毒、窒息；

（3）检修作业人员未按照作业规程佩戴安全防护措施，极容易由于作业引发设备内部产生有毒有害气体，使作业人员受到灼伤或者中毒；

（4）进行高深容器前，未挂好防坠器、安全带等安全措施，造成高空坠落伤害。

二、煤化工设备检修安全危险因素的应对措施

针对上述列举的煤化工设备检修过程中存在的安全危险因素，我们需要指定下列措施来避免安全事故的发生，有效保证作业人员的人身安全，并加速检修进度，为缩短检修工作做出努力。

（一）加强组织领导

检修过程中最重要的就是安全管理工作，但是一个企业如果未对安全管理工作予以足够的重视，就极易导致安全事故，因此说煤化工设备检修需要专业化的检修队伍，并通过经验丰富的企业管理团队进行领导和组织，才能真正落实安全管理措施。此外，企业组织部门还要不断建立健全相关的安全规章制度，并对作业人员进行全方面的教育，与此同时，还要通过安全员、安全监督等人员对检修团队进行全面检查，将作业风险降到最低。我们还需要明确督察小组的责任，保证督查工作能够彻底落实，以便检修施工的有序开展。

（二）制订切实可行的设备检修方案

设备检修方案需要综合考虑多种因素，包括设备位置、人孔高度、设备介质、是否进行强制通风等，因此制订一个切实可行的方案则能有效减少作业风险。通常来说设备检修方案中要包括四个主要内容，分别是检修工程量、检修施工方法、检修时间安排以及作业人员安排等，在上述四个主要内容完成后，还需要考虑设备是否进行置换、吹扫，并根据流程图在设备的各进出口处添加盲板。此外，我们还需要进行全面的荷载计算，并根据计算结果制定安全措施。最后方案编制完成后需要经过各部门讨论，进行修订后再将其上报给相关部门进行审批，保证施工方案的可行性以及安全性。

（三）加强过程管理

煤化工设备检修过程中最多的就是动火作业、受限空间作业以及高处作业，因此在进行作业前我们必须确保安全措施已经落实[16]。在每次作业前都要进行气体采样分析，特别是一些有毒有害气体残留在设备内部，必须在检查合格后方可进入作业。进入设备内部后，不应立即开始作业，而是要对周围的环境进行检查，特别是一些易燃易爆的介质需要清理干净；作业期间内，每四小时进行一次测试工作，减少安全隐患。在设备内部进行高空作业前，必须落实好防坠落措施，还要有相关的监察人员定期对作业进行检查，而且检查的内容不仅要包括周边环境、设备的检查，还需要对作业人员的施工安全进行确认，一旦发现安全隐患，必须立即停止施工，隐患解决后方可继续作业。

检修工作结束后，我们还需要再一次对检修的设备进行清理、检查，不仅要确保施工用工器具全部带出，还要将现场的残渣垃圾也清理干净，并且将全部的零部件以及安全设施恢复，在上述工作全部完成后，方可进行试车，这样能够最大限度保证安全，保证煤化工装置顺利、平稳运行。

（四）加强对作业人员的培训、教育

1. 加强安全知识的培训

现阶段，绝大多数的职工对上岗前的培训都存在理解偏差，因此我们需要通过定期教育、培训的方式提高职工安全方面法律和法规的水平。作业人员不仅要全面学习和掌握国家相关作业标准和规范，更要熟知安全法律法规，增强法律意识和责任意识，将安全第一的理念贯彻到检修工作中，保证检修工作的安全、高效进行。

2. 加强技能培训的力度

随着先进设备、工艺以及技术等的使用，设备检修工作的技术含量迅速提升，作业人员如果不进行必要的技能培训，很可能造成无法使用设备，检修工作无法有效开展的

16　李谦，毛立群，房晓敏 . 计算机在化学煤化工中的应用 [M]. 北京：化学工业出版社，2015.

情况。因此我们需要加大这方面的教育培训力度，只有作业人员熟练掌握操作技能，才能真正做到安全作业，才能有效保证安全生产。

3. 加大对工器具的检查与检验

检修过程中需要使用到大量的施工设备以及安全防护设备，因此所我们需要定期进行检查和检验，保证这些设备能够正常使用。此外，作业过程中使用到的劳动防护用品，我们不仅要知道如何使用，还需要定期进行检查，如安全帽过期或者受到重击的情况下，均需进行强制报废，唯有如此才能避免设备不安全状态导致的安全事故发生。

综上所述，由于煤化工设备检修的复杂性和高危性，我们必须对检修过程中会面对的各种安全危险因素进行分析，继而采取针对性的措施进行预防和控制，唯有如此才能避免安全事故的发生，才能有效保证设备检修工作的顺利进行。

三、煤化工设备安全检修的要点和步骤

（一）设备的保养

煤化工设备在日常运行过程中，不可避免地会发生不同程度的磨损和异常情况，所以需要日常维护和保养。对设备的磨损情况安排预防性措施，可以避免设备出现不正常情况，降低设备的故障隐患，确保设备能够正常的运转。特别是需要对设备做好润滑计划，避免设备出现润滑不到位或油乳化后给轴承带来的磨损，同时也有效地避免由于摩擦过程中所导致的火花而引发的安全隐患。

（二）设备的检修

煤化工设备的维护检修规程对日常维护、大中小检修周期、检修内容、质量验收标准及检测安全注意事项等都进行了规定，但没有对设备自身的质量、运行条件、状况及操作、维护水平等方面的差异进行充分的考虑，这就导致按照此规程进行检修势必会存在修理过剩或是修理不足等现象，所以在这种情况下，各煤化工企业在具体的维护检修过程中，往往由现场技术人员及相关管理人员充分结合设备的实际运行情况，制订一套科学有效的检修方案，确保更好地实现对设备的检修和维护。

（三）正确拆卸入孔

在完成介质隔断、置换、降温、降压等工序后，要对设备进行严格确认、检测，如果安全才可拆卸入孔。有液体的设备，要拆对角螺栓，最后四条对角螺栓缓慢拆卸，并尽量避开人孔侧面，防止因液体喷出而伤人；含易燃、易爆物质的设备，禁止用气焊割螺栓；锈蚀严重的螺栓要用手锯切割；粗苯油罐等装置上如果设新人孔或开新手孔，禁

止用气焊及砂轮片切割，要使用一定配比浓度的硫酸，周围用蜡封的手段开设新的人孔、手孔。

（四）检修前停车的安全技术处理

确定停车方案后，应严格按照停车时间、步骤、工艺变化幅度，以及停车操作顺序表有序进行。装置停车的主要安全技术处理如下：

严格按照预定方案停车。按照检修计划密切联系上下工序及有关工段（如锅炉房、配电间等），停止设备运转时，要严格按规定程序操作。

缓慢适中泄压。压力未泄尽前不得拆动设备。

务必排空装备内物料。在排放残留物料前，必须查看排放口情况，不可将易燃、易爆、有毒、有腐蚀性的物料随意排入下水道或排到地面上，为避免发生事故和造成污染，应将残留物料排放到指定的安全点或贮罐中。同时，尽可能倒空、抽净设备、管道内的物料，排出的可燃、有毒气体如无法收集利用应排至火炬烧掉或用其他方法进行处理。

不可过快地开启阀门。打开头两扣时要稍停，使物料少量通过，如畅通，再逐渐开大阀门，直至符合要求。开启蒸汽阀门时，要注重管线的预热、排凝和防水击等。

高温真空设备停车步骤。高温真空设备停车时，必须先消除真空状态，且等设备内介质的温度降到自燃点以下后，才可与外界气体相通，否则，一旦空气进入会引发燃烧、燃爆事故。

严格按规程进行停炉作业。应严格按照规程规定的降温曲线进行，注意各部位火嘴熄火对炉膛降温均匀性的影响。火嘴未全部熄灭及炉膛温度较高时，不得进行排空与低点排凝，否则，一旦可燃气体进入炉膛就会引发事故。

（五）设备内有毒、有害气体的置换

一般用氮气、蒸汽来置换，优先选择氮气，因为蒸汽温度较高，置换完毕后还要进行降温操作。有压力的设备要采用泄压的方法，使其内部气压降至常压；高温液体的设备，首先应考虑放空，再采用打冷料或加冷水的方式将其降至常温。

（六）完全切断该设备内的介质来源

煤化工设备在出现故障后，要对其进行内部检修作业时，需要将设备运行停止，切断电源后要对其进行仔细的检查。在对煤化工设备内部作业时，需要对其内漏情况特别注意。在煤化工设备长时间的运行过程中，如果开关不到位，部分与设备连接的管道和阀门就会出现内漏，其中气体阀门最常出现这种情况，所以检修人员需要对设备内部进行仔细的检查，一旦对管道检查过程中对于一些漏气和漏液现象不能及时发现，就会导致在运行着火过程中发生爆炸等重要事故，给人身安全带来较大的损害，所以在检查过

程中，对于与设备相连接的所有管道，都要认真对其进行确认，确保没有内漏现象存在，同时还要在阀后面加上盲板，确保开关到位。

四、煤化工设备检修安全管理

（一）注重作业安全教育

为了确保化为设备安全检修，则需要对作业人员进行必要的安全教育，提高作业人员的作业方法，提高其安全意识，同时还要制定科学合理的考核制度，这样能够更好地督促作业人员在作业过程中具有安全意识和安全责任，确保进行标准化作业，同时操作人员在作业过程中还需要严格遵守作业安全操作规程，将安全作业变为自觉性的行为。

（二）强化作业管理

在对设备进行作业时，需要提前制订检修安全计划，在具体操作过程中不仅需要充分结合检修设备的实际情况，而且还要在具体操作过程中依照相关的标准进行。在检修作业前需要强化检修人员的学习，并开展标准化作业动员大会，从而更好地加强检修人员作业过程中的标准化的自觉性。在进行重大项目的检修作业时，需要对安全规范进行反复讨论，确保作业过程中人员的安全。

（三）加强检修监督

作为煤化工业设备的安全管理人员，需要深入现场对设备进行监管，同时还要制定一套严格的奖罚制度，这样才能对现场作业人员违反作业规程的情况进行有效的惩罚，并将其安全作业与奖金挂钩，这样不仅能够有效地提高作业人员的安全意识，而且还能够更好地加强作业过程中的安全保障。

煤化工设备作为煤化工企业非常重要的生产设备，对其做好安全检修工作十分必要，这是确保煤化工企业安全生产的关键所在，而且对于煤化工生产效率的提高也具有积极的作用，对于降低煤化工企业安全事故的发生，保证作业人员的人身安全具有极为重要的意义。

第三节　煤化工设备安全风险评价方法

煤化工设备在运转过程中，存在较高的安全风险系数，具有以下特点：高压、高温、易燃易爆、高危险性、高安全要求等。因此，企业在生产过程中，对煤化工设备的安全风险管理具有较高要求，进而促进系统的安全、稳定运行。本节通过对煤化工设备安全风险评价和方法技术进行分析，提出了几点相应的技术防范措施。

随着现代化进程的不断深入，社会各界对资源的需求量也随之增加，在各项资源的生产过程中，煤化工设备的安全运行，不仅能够促进动力资源的生产，满足相应的社会需求，还能确保能源供应充足，加速国民经济增长。因此，在实际生产中，为了确保煤化工设备的安全运行，应该不断引入先进的方法和技术，促进煤化工设备安全系数的提高，进而达到生产效率提高的目的。

一、煤化工设备安全风险的评价方法

（一）安全检查表

以提问的方式，将检查项目编制成表，在安全检查表的编制过程中，应该以事故资料为依据，按照国家的相关标准进行。例如，反应釜的主要检查项目有支架、釜体、电机、减速机及搅拌、引风装置、紧急放料器、连接管道及阀门等，一旦发现项目异常，立即维护或更换。

制定煤化工设备检查表。制定与煤化工设备有关的检查表，将煤化工设备的各个检查项目制作成表格的形式，在制作煤化工设备项目表格时，可根据以往煤化工设备常出的问题故障区域来制作表格项目，将以往煤化工设备出现事故的资料作为项目制作依据，按照国家规范来依次制定检查项目。当煤化工设备检查表制作完成后，煤化工设备检修人员可根据表格项目的顺序来进行步骤检修，当项目有异常现象时，能够及时地做好检修工作。制定煤化工设备检查表的最终目的在于能够使煤化工设备在出现问题与故障现象时做到及时发现与维修，避免耽误生产的时间与效率。

（二）危险与可操作性研究（HAZOP）

对工艺流程进行详细、系统了解后，分析和评价整个生产过程。分析步骤：

（1）选择一个操作步骤和工艺单位。

（2）相关资料的收集。

（3）了解设计目的。

（4）寻找工艺过程及状态变化。

（5）偏差结果的研究。

（6）分析偏差原因。例如，在对氯乙烯中试装置 HAZOP 分析时，分析项目有焚烧炉、裂解炉、乙烯进料管线、液氯进料管线、直接氯化反应器、空气到焚烧炉管道、天然气到焚烧炉和裂解炉管道等。

（三）失效模式及影响分析（FMEA）

对单个设备和系统进行识别，并确定边界条件和项目，详细阐明相应的安全控制措施，提前做好风险控制。例如，在分析填充浴盆时，失效模式为高水位传感器出现差错，产生的影响为液体溅洒到试验台上，采取的控制措施为根据高低水位传感器之间的额外压增加传感器。

运用失效模式检查煤化工设备。失效模式的主要评级方法是对煤化工设备中的各个运转系统进行识别，在识别工作开展前，需要对煤化工设备的运转状况界定正常的运转标准与项目内容，当准备工作做好后，再针对所制定的煤化工设备项目来进行测试识别，对每个系统的运转状况进行观察，用排除的方式一个个识别煤化工设备的系统是否存在失效现象，当发现其中一个系统出现失效状况时，可立即采取安全风险控制措施，避免系统失灵造成其他系统出现反常现象。

（四）火灾和爆炸危险指数评价

在标准状态下，对发生火灾、爆炸等释放出来的潜在能量进行计算，并把特殊反应和操作条件下危险系数进行追加修正，计算出总的火灾和爆炸危险指数。参考危险指数大小，确定火灾、爆炸的影响范围，对相应的停工损失、财产损失及暴露面积等事故损失进行计算，并对损失后果进行等级分组，根据等级制定相应的安全控制措施[17]。比如，应用 DOW 化学火灾爆炸指数法、池火灾伤害模型分析法等，可以定量分析易燃易爆化学品储罐区火灾爆炸事故发生后的影响范围，为提出防范对策提供依据。

煤化工设备爆炸事故的安全风险评价方法。根据我国近几年有关煤化工设备出现事故的新闻来看，煤化工设备常出现的事故现象大多为爆炸事故，这是因为煤化工设备常常用于生产一些危险系数较高的资源物质，如合成氨、烯烃等人工无法完成的物品，这些物品在生产过程中稍有不慎就会引发一系列事故的发生，导致这些事故发生的最关键因素就来自煤化工设备的故障现象，因此，在煤化工设备进行资源生产前，有必要对煤化工设备出现爆炸、火灾等危险系数较高的安全风险进行评估，将出现概率较大的事故进行计算，根据计算来评估出煤化工设备出现爆炸事故的危险系数，再根据煤化工设备的爆炸危险系数来计算出爆炸的范围、爆炸所导致的生产损失、企业损失、停工损失等经济损失进行详细的计算，并根据不同范围的爆炸严重度来计算出多个层次的损失面积，进行相应的分组，并根据这些层次损失面积来制定相应的安全防护措施与控制措施，做到提前做好预防工作，减少因爆炸等事故带来的损失。

17　李铁军，杨键．浅析煤化工机械密封技术 [J]. 中国石油和煤化工标准与质量，2018,31(06):17.

（五）故障树分析（FTA）

首先，列出煤化工设备在运行过程中发生的事故，并按照逻辑关系对这些设备事故进行整理，形成一个逻辑模型，然后，根据这种模型关系，对事故进行定性和定量分析，采用最小割集进行计算，进而探寻事故发生的基本原因。比如，在氯乙烯单体的生产工艺中，故障树分析的主要内容有乙烯和氯气送料时是否含有杂质、氯化反应是否过快、是否过熔炉爆炸、副产品的分离等。

煤化工设备是危险系数较高的装备类型，随时潜伏着较高的安全风险，而这些安全风险时常会给企业带来巨大的损失，也给人们的生命安全带来了威胁，因此，对煤化工设备采取安全风险评级是一项非常重要的工作，各个生产企业应加以重视，做到对煤化工设备制定检查表、运用失效模式检查煤化工设备、对煤化工设备的事故做好风险评估、利用监控系统对煤化工设备进行检测，并做好相应的防护措施，降低安全风险系数。

二、煤化工设备安全风险的对策分析

通过风险评价方法辨识出的煤化工设备安全风险，需要实施控制手段降低其不可接受风险水平，安全对策的分析可以重点关注设备的维护管理和数字化监测系统的应用。

（一）煤化工设备的维护

根据相应的维护经验，对煤化工设备的生产寿命进行分析，进而测算出相应的设备寿命，并对煤化工设备进行量化管理，有预见性和计划地对设备故障进行维护检修和更新。预防性维护的加强，有利于煤化工设备生产周期的延长，这样不仅可以降低生产运营成本，还能提高生产效率。在煤化工设备运行过程中，加强监控工作。在煤化工设备的二级维护过程中，设备的二级维护在一级维护之后，实施一级维护时，根据区域，将各个设备分配到人。一级维护之后，对于相关重要煤化工设备实施二级维护，维护工作由区域主管负责，每周维护 1 次，对重要设备的运行过程进行检查，各个区域的负责人对一级维护要严格监督，保证维护质量，并进行相应的故障处理和可预见性维护。对于关键设备要进行特别护理，至少每月维护一次。再者，可以根据维护人员的实际情况，实行分级维护，对于关键设备要进行重点维护，达到设备维护水平提高的目的，减少设备在运行过程中事故的发生率。只要管理者掌握了煤化工设备的安全状况，便可对相应的安全制度进行完善和修订，有利于防灾设施和组织的完善，以及安全管理水平的提高，煤化工设备安全风险评价及方法技术的加强，对煤化工行业的发展具有积极作用。

煤化工设备维护工作要做好提前规划。在煤化工设备的维护工作上可提前做好规划工作，对煤化工设备的各个系统以及容易出现故障的部位做好定期检查与维修以及更新，定好检查周期，按照规范做好维护工作，能够有效延长煤化工设备的使用寿命，提高产业的生产效率。除此之外，为了使煤化工设备安全性能具有一定的保障，工作人员可对煤化工设备的关键区域进行特别护理。加强对关键区域的维护，能够降低其他设备的损耗现象，也能够使煤化工设备出现故障现象时减少关键设备所带来的损失。

（二）数字化监控系统的应用

数字化监控系统存在多种类型，比如光电液压传感器、数据传输网络、嵌入式计算机系统、数字化图像处理等，这些类型的数字监控系统具有全新的监控模式，对于数字信息能够实现快速处理，具有较强的抗干扰能力，使宽带网络优势得到了充分发挥，能够全面、集中、实时、远程对管道监控系统进行掌握。借助于网络摄像机视频、流量测试设备，对前端管道参数进行采集。使用网络摄像机的数据通道，通过解码器将数据以视频的方式显示在大屏幕和电视墙上，在管道后端建立相应的预警机制，对不定时活动中的无法预知区域实施移动侦测，如果存在某个环境对语音监控有需求，对于关联事件应该有效地控制和处理。采用多种方式进行数据传输，如果煤化工设备的跨度空间过大，应该应用无线网络方式，实施相应的风险监控措施。[18]

应用煤化工设备监控系统。监控系统具有多种类型，根据监控对象的不同可采用不同的监控类型，对于煤化工设备的监控系统来说较为适用的为数字化监控系统，如计算机系统、数据传输系统等，这些系统能够对煤化工设备的各个系统运转状况以及生产状况做到详细的报告，并具有实时监控的特点，数字化监控系统还具有良好的抗干扰能力，能够对煤化工设备做到全面、及时、集中的监控模式，使煤化工设备维护人员能够及时地发现煤化工设备存在的故障区域，从而能够在最短的时间内找出故障区域，找出控制对策。除此之外，数字化监控系统还具有远程信息传输功能，能够通过现代的网络技术来进行远程观察，将煤化工设备在运转过程中出现的数据运行状况做到及时的反映，使煤化工设备维护人员不用到危险性较高的煤化工设备周围去一一检查，给现代煤化工设备的安全维护工作带来了便捷。

第四节　煤化工企业煤化工设备防火安全

煤化工企业具有自身的管理特征，其生产过程中会应用到诸多化学原材料，其中很多是具有易燃、易爆、高腐蚀性的特殊物质，同时在生产环节也会因为不同化学品的混合产生性质不同的化学反应，具有极高的危险性。煤化工企业生产设备发生火灾安全事

18　陈蔚萍．“煤化工设计”课程的教学改革实践 [J]. 广东煤化工，2009，36(7)：297-298.

故，如果未能及时采取有效的灭火措施，则会导致更为重大的安全事故发生，不仅会对煤化工企业造成巨大的影响和损失，甚至会危及周边地区民众的生命财产安全，因而需要对煤化工企业的安全生产问题给予高度的重视。煤化工设备是进行化学品生产的关键因素，关注煤化工设备的防火安全问题，是煤化工企业日常经营管理工作需要关注的重点环节，针对这一问题进行探讨，对于促进煤化工企业的健康发展具有现实意义。

一、煤化工企业发生煤化工设备火灾事故的原因分析

（1）煤化工设备自身引发火灾事故。由于煤化工设备长期处于高温、高压、高腐蚀的运作状态中，煤化工设备自身的质量保证难以满足实际的工作需求，便容易导致火灾安全事故的发生。化学产品生产一般都需要经历较为严格且烦琐的生产流程，化学设备在相对复杂的生产条件下，如果因为自身设计缺乏合理性或者加工工艺存在缺陷，都会导致对煤化工生产设备造成更为严重的疲劳催化作用，一旦煤化工设备发生破损，便极有可能造成火灾爆炸等安全事故。煤化工企业厂区内都会存放大量的易燃易爆物质，火灾险情极有可能演变成巨大的社会公共安全事件，产生极为严重的社会不良影响。

（2）煤化工设备操作人员缺乏专业素质。煤化工设备的操作和使用具有较高的专业性和严谨性要求，同时由于其自身具备的危险性特质，需要相关工作人员具备扎实的专业知识，还需要其具备良好的职业素养，以保证其能够具备认真严谨负责的工作态度，可以严格按照技术操作流程进行煤化工设备应用。而在煤化工企业的实际生产过程中，很多企业的一线设备操作人员都不具备较高水平的专业素质，有些企业为减少自身的人力资源成本投入，采用劳务派遣合作的用工模式，从业人员并没有经过专业化的技能培训，导致其在工作中存在技术水平相对较差、安全责任意识较差，应急事故处理能力较差等客观问题，给企业造成设备应用安全隐患。

（3）煤化工企业自身管理存在问题。由于其特殊的生产性质，国家针对煤化工企业进行不同产品的生产都制定了较为严格的管理标准，企业需要根据国家的相关规定，建立严格的管理责任制度，保证相关工作能够做到有据可依。在实际情况中，很多企业在自身的管理理念中却存在缺乏安全责任意识的问题，没有意识到火灾等安全事故可能造成的影响和危害，并没有将相关管理制度严格落实到自身的企业管理工作中。有些企业的原材料存放不合格，有些企业的原材料仓库离生产车间的距离较近，导致企业存在诸多的火灾事故隐患，一旦发生火灾事故，可能造成无法挽回的损失和影响。

二、解决煤化工防火问题

（一）提高生产人员的安全意识

在我国的煤化工企业生产中，很多技术人员都是相应的务工人员，他们的专业知识比较匮乏，在使用这样的人员时，就先要对其进行相应的技术培训。在企业生产时，就需要进行定期的技术培训，以此来提高员工的操作素质。培训主要包括一些技术教育培训，安全生产培训，或者是一些技术性的讲座，以此来提高操作素质。

（二）在技术上进行防火

在设备的生产过程中要求高温和高压生产，在对设备进行技术处理时，就需要对设备进行耐高温和耐高压的处理，比如对这些设备进行定期的相关的检测，保证设备在安全生产状态中。还有就是在生产过程中要严格按照生产要求进行，保证温度和压力控制在相应的范围内，以此保证其生产安全。

（三）对制度进行完善

在制度的完善中主要包括对安全巡视的制度，在巡视中过劳巡视会造成巡视不到位的现象，因此要合理安排好安全巡视，保证其巡视的精准性。在对员工的生产过程中要进行相应的安全管理，对于没有按照标准进行操作的现象，要进行及时处理，并且形成相应的管理制度，使用制度化进行管理。

经过分析可以看出，在煤化工企业的生产中，安全防护有着非常的重要性。因此在进行生产时就要对相关的人员进行安全生产培训，保证在生产工艺中安全进行，还需要在设备的设计中进行相应的管理。保证设备在安全生产标准内，还有就是对企业进行制度化管理。使用这些方法，就能够有效地防止煤化工企业在生产时能够安全生产，最终保证企业的经济效益。

三、解决煤化工设备防火安全问题的有效措施

在当前的发展过程中，为了有效地推动煤化工设备的防火安全水平提升，针对其中存在的问题，应采取科学化的防火措施。

第一，针对煤化工设备的操作，应该制定科学化严格化的操作规范，并且对煤化工企业工作人员进行深入的培训。通过岗前培训，保证其能够具备相应的设备防火意识，在工作中能够实现规范化操作；通过培训，保证其熟悉煤化工生产的流程，对煤化工原料以及各种煤化工设备的特点有深入的了解[19]。通过一系列的培训保证其在出现危险情况

19　姚芳 . 浅析煤化工机械设备的管理与维修 [J]. 煤化工设计通讯 ,2017,43(8):113.

时能够采取有效的措施进行快速的处理，为煤化工企业的安全生产奠定重要基础。

第二，对煤化工设备的压力等各项条件进行严格的控制。煤化工设备本身的材料存在一定的问题，在使用过程中一旦其压力超出一定的标准，煤化工设备就会出现爆裂，为了保证其实现有效的发展，必须对其压力等各项条件进行严格的控制。针对正压设备采取有效措施防止其本身出现负压，对负压设备，应该防止其出现正压，并且针对设备应该对其进行定期化的耐压测试，可以通过在煤化工设备中安装相应的设备，保证其能够实现防火，还可以通过在设备上安装安全阀、压力测试仪表以及阻火器等设备，从而保证煤化工设备能够实现有效的防火。

总之，在煤化工企业生产的过程中，其设备的运用非常复杂，一旦出现失误，就容易造成非常严重的后果。为了保证其生产过程中的安全，必须通过对煤化工生产方面进行全面的分析和研究，通过对其特点以及危险性和防火要求等进行全面的分析，从而提出有效的措施，促使煤化工设备防火安全问题得到有效的解决，为我国煤化工企业的发展建设奠定重要的基础。

第五节　煤化工设备安全生产管理的创新模式

煤化工企业进行大规模的生产就必须要保证煤化工设备的安全，在煤化工企业进行生产时，煤化工设备安全管理的目的是保证煤化工设备顺利运行，并且让设备达到最佳状态，使煤化工企业的大规模生产有良好的设备作为支撑，这样不仅能够提高企业的生产效率，保证生产安全，同时也能让企业获得更大的经济利益。如果企业在生产过程中发生设备故障，就会使生产无法进行，降低了企业生产效率，对企业造成巨大的损失。如果发生严重事故，也可能会威胁到工作人员的生命安全。所以，为了保证煤化工生产的顺利进行和工作人员的生命安全，煤化工设备的安全管理就显得至关重要，管理人员必须重视这一问题，通过对煤化工设备的安全管理创新保证煤化工设备的安全。

一、煤化工企业设备安全生产管理的意义

（1）煤化工企业作为煤化工原料的生产基地，在煤化工生产过程中，管理人员应充分认识到安全生产的重要性。加强设备管理，才能确保设备的安全生产。因此，对于安全生产要求较高的设备，在煤化工企业生产环节，应加强设备管理力度，确保化学设备管理的科学性和有效性，以免设备发生故障，减少安全事故的发生，降低生产人员伤亡率。

（2）在煤化工设备管理当中，首先要确保产品质量，这就需要管理人员和生产人员共同加强管理与配合，发挥煤化工产品生产中良好设备的作用，保障煤化工设备的良好运转，推动煤化工产品的顺利生产，保证煤化工产品的质量达到标准要求。这不仅需要煤化工生产人员充分掌握好煤化工设备的操作流程，还要求管理人员加强煤化工设备性能的维护和保养，保证设备处于良好的运营状态，以提高煤化工产品生产效益。

二、煤化工设备安全产生管理的现状

煤化工事故之所以频繁发生，其主要原因在于设备管理效率不高。目前，新设备与装置在煤化工行业中得到了广泛应用。但由于这些煤化工设备运行周期过长，长期处于高负荷的运行状态，若不重视定期对这些煤化工设备进行管理与维护，及时对煤化工设备进行更新，将无法满足企业现代发展的需要。

在煤化工设备的投资管理方面，一般结合生产需求和设备价格来选择投资方式。与此同时，还要考虑到设备生产能耗问题，以及维修保养后所产生的费用。然而，在传统的设备投资管理过程中，往往忽略了安全保障等运营费用。在设备技术管理时，只按照传统的管理经验进行设备管理预算。同时，设备管理还会涉及相关的科学技术和各种专业技术。在当前市场上，在煤化工设备经济管理方面，仍处于较为落后的局面，人员管理模式不够科学，导致设备管理环节出现严重的脱节。

另外，由于煤化工生产员工缺乏专业技能和综合素质，并不能认识到安全管理重要性，不重视煤化工设备的安全管理工作，为了减轻工作量，偷工减料，缺乏安全操作的习惯，从而给煤化工设备管理埋下一些安全隐患。

近年来，随着我国工业行业的不断发展，煤化工设备数量不断增多，这给企业的投资管理工作增加不少难度。当前，企业在设备投资过程中，一般结合企业自身生产需求及设备价格，合理地选择设备，但是在实际的设备生产当中，却忽略了设备能耗的估算，从而当设备发生故障时增加了设备的维修费用[20]。另外，当煤化工设备出现故障时，需要先预算维修费用，但部分管理人员仍采用传统的计算模式，同时缺乏创新，从而导致煤化工设备投资目标难以实现。

随着我国煤化工企业的迅速发展，企业对煤化工设备管理模式和技术提出了更高的要求。这就需要加强不同专业之间的配合与协调，且要建立一套完善的设备管理技术。然而，在实际煤化工设备管理过程中，仍缺乏完善的管理体制，只是简单地分配管理人员的工作性质和专业，加上设备管理模式较为落后，难以加强设备管理人员、质量管理

20　高慧涛 . 浅析煤化工机械设备管理与维修保养 [J]. 环球市场 ,2017(8):84.

人员和经济管理人员三者之间的联系，阻碍了煤化工设备的管理工作的顺利开展。

综上，从煤化工安全事故的原因分析得知，大部分安全事故是由于煤化工设备不完善而引起的，目前煤化工设备正朝着大型化方面发展，传统的煤化工设备管理模式将难以满足现代化企业发展需求，因此，煤化工设备管理人员需要采用创新思路和模式，保障煤化工设备的安全运行。

三、煤化工设备安全管理的创新模式及方法

（一）加强设备安全标准化建设力度

完善煤化工企业的标准化管理是保障煤化工设备安全的有效途径。因此，在煤化工设备安全管理工作中，企业需要不断规范设备管理体系，不断提高员工的安全意识，确保煤化工设备安全运行。安全管理标准化建设内容包括建立完善的安全管理制度体系、健全安全巡查与维护机制、应急处理方案的标准化处理等。在设备标准化建设过程中，应注重作业现场的标准化管理，加强人机和环境之间的协调与配合，对现场作业的条件进行优化，避免安全事故的发生。另外，可选择在操作单元的基础上制定相关标准，实现标准化操作，以防止煤化工厂设备安全事故的发生。

（二）提高煤化工设备人员的安全意识

在煤化工企业中，对于一线的煤化工设备操作人员，由于他们直接接触到煤化工设备，故对煤化工设备的运行状况较为熟悉。因此，一线操作人员对煤化工设备的安全问题具有一定的发言权，根据需求对煤化工设备安全管理系统进行整合，提高煤化工设备的安全管理水平。另外，企业要定期对一线操作人员进行安全培训，提升他们安全操作的意识，使他们能够积极参与到设备安全管理工作当中，负起设备安全管理的责任，加强安全管理的宣传，提高设备安全管理的效率。

（三）定期检查设备，制定创新的安全管理模式

随着大型煤化工企业的不断增多，其拥有的大型煤化工设备也随着增多，由于大型设备具有设备更新快、使用周期较短、淘汰速度快等特点，故为了确保工作人员的安全，需要定期检查和更新设备检查信息。同时要加强煤化工设备的日常维护与修理，在维修完毕后，要做维修记录，以方便后期维护人员掌握设备的运行状况，合理确定最佳设备报废时间。同时要从设备采购、设备使用、设备维护、设备停用淘汰等方面着手，实现设备管理工作的标准化建设。对设备管理的标准进行改革与创新，保证煤化工设备的安全运行。此外，根据煤化工设备的状态对设备安全进行评价，在设备评价时，应坚持实

事求是的原则，在对临近设计寿命的设备评价时，应严格落实评价标准，以杜绝设备老化而引发安全事故。

（四）及时完善设备安全管理制度，创新设备安全管理工作

任何安全管理工作只有得到及时落实和执行，才能确保设备安全使用。因此，煤化工企业设备管理部门要及时监督、考核设备运行状况，保证设备的安全运行。在对设备进行安全管理时，避免停留在理论上，要运用到实践活动中。同时，企业要结合实际情况制定完善的管理制度。在制度制定时，要征求广大员工的意见。利用企业出现的安全事故，对企业员工进行警示教育，让他们充分认识到设备安全管理的重要性，自觉维护设备安全。同时，要重视设备操作的安全性，并反复检查设备，避免出现安全漏洞。考虑到煤化工设备安全管理工作将会涉及安装、使用和检查的多个环节，容易埋下安全隐患，故需对设备的安全管理工作进行创新，不断完善煤化工企业设备的安全管理体系，实现煤化工设备安全生产目标。

（五）不断优化设备安全管理系统

现代煤化工企业在设备管理过程中，需要采用新的管理方式，引入创新的煤化工设备的管理模式，同时要制定完善的安全管理规范，建立信息系统模式，以确保设备安全管理目标。

（1）结合煤化工企业的实际情况，建立完善的设备资产安全管理体系。同时，要掌握好设备资产的发展动态，建立一套完善的共享平台，以便能够及时掌握设备的运行和变化情况，以不断提高设备资产管理水平，提升管理人员的工作效率，实现企业煤化工设备安全管理目标。

（2）设备安全管理系统可以为管理人员提供良好的计划性工作体系，设备安全管理人员结合实际需求进行工作，节约设备管理时间，提高设备管理的工作效率。设备安全管理系统主要是对煤化工机器设备的运行状况进行检查，看是否存在故障，并做好设备日常的维护保养记录，掌握好设备维护保养的周期。重点工作是对易损件的使用和维护，为安全管理人员提供相关数据，保证设备的安全运行。

煤化工设备安全生产管理在煤化工生产中起到至关重要的作用，是保证企业安全生产的关键因素。因此，在煤化工设备安全管理工作中，要加强安全标准化建设，结合安全标准和企业管理体系，提高安全管理人员的安全意识，定期更新设备检查记录，制定动态管理模式。另外，设备安全管理人员还要优化设备安全管理系统，引进设备安全管理的创新思路，提高设备的安全管理水平，减少维护的成本，提升煤化工企业的整体效益。

第六节 化学工艺的设计与煤化工设备安全性的评价

煤化工行业作为现代工业的重要组成，在社会经济发展过程中占据重要的地位。煤化工生产所用原料较为复杂，易燃易爆、腐蚀性、毒性材料较为普遍，且生产工艺多涉及高温、高压等极端条件，安全风险系数较高。随着煤化工产业规模的不断加大，其安全风险也随之增大。因此，在煤化工产业发展过程中，通过科学、系统的安全分析，加强其安全评价和安全管理，具有重要的现实意义。

一、化学工艺设计安全评价及注意要点分析

（一）基础资料的有效性及完整性

煤化工工艺设计所使用的基础资料，多是由相关科研单位整理提供的，整体偏于理论性研究，普遍缺少实验验证及工业实际生产方面的相关内容，与常规性煤化工生产装置存在较大的差异，故而其完整度和可用性不能充分满足煤化工工艺设计的实际要求。因此，相关设计人员应通过相应的检测实验对生产数据进行检测，以确保数据的有效性和科学性，进而实现对煤化工工艺的设计优化。

（二）煤化工设备选型设计

煤化工生产是一项系统、复杂的工作，工艺条件较为极端、苛刻，在煤化工工艺设计过程中，经常会涉及诸多压力管道、压力容器、耐高温设备等特殊设备的设计问题。随着现代科学技术不断发展，尤其是材料科学的发展，现代煤化工设备的种类越来越丰富，同一种生产设备，可能存在多种不同的材质，且设备规格也不尽相同。因此，在进行煤化工设备选型设计时，设计人员应注意以下几点内容：一，设备选型与煤化工工艺需求一致;二，如煤化工生产对设备有特殊要求，在煤化工工艺设计中也应有所体现;三，如煤化工生产装置规模、投资庞大，在进行设备选型过程中，应注意整体的协调性、合理性要求，并对装置整体的设备设计和生产管道设计进行优化，保障工艺设计安全性的同时，提高整体设计的科学性和合理性。

（三）设计周期要求

随着社会经济的不断发展，煤化工工艺设计市场竞争越来越激烈，部分设计单位为提高自身市场竞争力抢占市场，会相应缩短煤化工工艺设计时间。在有限的时间内，煤化工工艺设计质量往往得不到保障，甚至还存在煤化工生产过程中，进行工艺设计变更

的情况。对此，设计单位应正确认识煤化工工艺设计的重要性，科学协调设计质量与设计周期间的关系。

二、煤化工设备安全性评价分析

煤化工设备危险性分为第一类危险和第二类危险。第一类危险是指煤化工设备内部物料与生产工艺决定的潜在的中毒、火灾、化学灼伤和爆炸等危险。例如，在对腐蚀性物质易燃易爆和有毒有害设备进行加工和贮存时，如果贮存的手段不正确很容易引发的设备或系统的安全问题。但是通常情况下第一类危险不会直接对人身和设备产生危害。第二类危险是指第一类危险在不可控的状态下所造成的后果，会对人身和设备产生直接的安全性危害。

（一）反应过程设备安全性

通常来讲，煤化工装置操作部分是由反应过程、物料运输、干燥、筛分、熔融、过滤等单元共同组成的。在反映容器的内部不但会发生化学反应，还存在流体传质、传热和流动的物理过程，在这之中还存在复杂的互相影响，所以煤化工装置的核心部分就是反应器和反应过程的选择，这将直接影响到煤化工装置的整体安全性。在连续过程中，其具有操作稳定、生产能力大和很好的安全性特点，其在煤化工过程中占有重要地位。但是我们还是要根据具体的问题进行具体分析，间歇工艺过程具有操作弹性大、过程简单的特点，所以在设计时应尽量选择精确度低、不详细的数据，所需要的设计和开发周期相对较短，以及装置通用性较强等优点。在安全生产中，将其判断为是一种落后工艺是不对的，它对于产量少、产品需求具有较强的生命周期短和季节性的精细煤化工产品、反应较慢煤化工过程、有泥浆物料过程，很容易出现结块和结垢的现象，需要经常对设备进行清理。由此可见间歇工艺是较好的选择，在个别时候，符合安全生产的唯一选择便是间歇工艺。

（二）反应路线安全性

一种反应通常有多条工艺路线，我们应考虑到采用哪条路线才能将危险物质量渐少和消除。尽量选择那些低危险性和无害的物料来取代那些高危险和有害的物料。应尽量地缓和过秤条件苛刻度，如选择较好的催化剂，稀释危险性物料并对其起到缓解反应强烈的作用，应尽量使用新技术和新设备，将中间的贮罐减少，从而将危险介质藏量控制在最低。将生产废料减少，过程中的助剂和原料是否可以循环使用和综合使用，应做到物尽其用，将对环境的污染控制到最低，造福人类。

（三）安全防护装置安全性

安全防护装置处理操作过程中，有时候会出现偏离正常运行状态的现象，从而出现超压和超温的情况。所以我们从安全的角度来考虑，压力控制装置，如防爆板、安全阀、排泄管、放泄阀、通风管等装置设置对安全性是否会产生直接的影响。另外，稳定装置，例如在装置中注入反应控制剂，将装置冷却。紧急控制装置，如报警装置及与此相关的连锁装置是否会对化学生产产生较大危险性影响。另外，还有较多的泄漏物和废弃物，这些物质都是存在很大危险性的，应做好安全处理，经常需要设置防空管、排水器、排放设备和处理废液和废气的设备。

针对危险性较大的操作应使用连锁机构、自动控制系统、程序控制装置等，如果发生了爆炸或火灾现象，可以有效地控制灾情的发展，将事故可能造成的损失降到最低，使用防火门、阻火器、防火墙、单向阀、防暴墙等灭火系统和阻爆设备都可以有效低控制灾情[21]。另外，还要考虑到维修的安全性和设置救护措施。

综上所述，化学工艺设计是煤化工生产实施的基础和前提，所以化学工艺设计必须严格按照国家的相关设计标准执行。同时，在生产设备中还要对其进行全面、综合、系统的煤化工装置定性的安全评价。另外，其评价结果将直接对风险预测产生影响，为确保预测风险的有效性，要保证评价人员具有较强的综合素质、工作责任感和正确科学的评价方法。

21　王业臣 . 煤化工机械设备故障及事故 [J]. 科技创业月刊 ,2016,29(17):120-121.

参考文献

[1] 杨砾 . 化工工程项目管理与进度控制策略分析 [J]. 云南化工，2011(03)：17-28.

[2] 陆利军 . 绿色化工技术在精细化工中的应用 [J]. 当代化工，2011(03)：11-19.

[3] 吴博 . 化学工程中绿色化工技术要点探究 [J]. 云南化工，2013(03)：159-160.

[4] 张志斌 . 绿色化工环保技术与环境治理的关系 [J]. 节能与环保，2015(04)：30-31.

[5] 刘川 . 绿色化工环保技术与环境治理 [J]. 化工管理，2019(11)：53-54.

[6] 孔梅 . 试论化工工程施工问题及安全管理 [J]. 山东工业技术，2014(09)：101-102.

[7] 王文轩 . 绿色环保视角下的化工技术 [J]. 石化技术，2012，26(03)：312.

[8] 肖凤祥 . 化工工程设备管道与材料优化设计 [J]. 化工设计通讯，2012，45(03)：118-119.

[9] 徐允 . 从化工工程设计看安全问题 [J]. 山东工业技术，2016(08)：32.

[10] 孟冬生 . 关于化工工程设计中安全问题的研究 [J]. 化工管理，2018(08)：75-76.

[11] 安康宁 . 化工工程中绿色化工技术的应用探析 [J]. 化工管理，2017(05)：184-185.

[12] 朱敬鑫 . 化工工程设计中的安全问题研究 [J]. 中国石油和化工标准与质量，2017，39(03)：69-70.

[13] 李俊平 . 化工工程施工管理与质量控制研究 [J]. 中外企业家，2010(03)：107.

[14] 李伟 . 提高化工工程施工企业安全管理水平的对策研究 [J]. 中国石油和化工标准与质量，2013，39(02)：91-92.

[15] 马坤 . 化工工程质量控制的主要保证策略探索 [J]. 轻工科技，2017，35(01)：24-25.

[16] 朱超 . 无损检测在石油化工工程质量监督中的应用 [J]. 建材与装饰，2018(52)：40-41.

[17] 张舒婷 . 化工工程施工管理的难点分析及应对策略 [J]. 化工管理，2018(34)：

167-168.

[18] 曹亚祥 . 化学工程与工艺中的绿色化工技术探究 [J]. 建材与装饰，2018(45)：118-119.

[19] 李力平 . 浅析化工工程废水处理的设计思路 [J]. 当代化工研究，2014(10)：23-24.

[20] 李志仁 . 化工工程设计中安全问题浅析 [J]. 化工管理，2018(28)：166.

[21] 孙艳红 . 绿色化工环保技术与环境治理的关系研究 [J]. 化工设计通讯，2012，44(09)：224-225.

[22] 童锋 . 化工工程施工安全管理探讨 [J]. 低碳世界，2015(08)：247-248.

[23] 赵亮 . 化工工程安全管理存在的问题及方法探讨 [J]. 当代化工研究，2011(05)：11-12.

[24] 刘小芳 . 针对化工工程设计中安全问题的研究 [J]. 化工管理，2016(13)：150-151.

[25] 隋燕玲 . 化工工程设计的安全问题探究 [J]. 中国石油和化工标准与质量，2017，38(07)：185-186.

[26] 李逸超 . 化工工程设计中安全问题的研究 [J]. 化工管理，2014(02)：43-44.

[27] 山巴依尔 . 化工工程的施工问题及其安全管理 [J]. 化工管理，2017(34)：167.

[28] 陈学松 . 化工安全生产及管理模式探讨 [J]. 居舍，2012(33)：5.

[29] 魏胜桃 . 化工工程施工安全管理措施 [J]. 化工设计通讯，2014，43(11)：200-201.

[30] 舒洁 . 石油化工建设工程现场安全管理研究 [J]. 石化技术，2013，24(10)：195.